U0943962

本书得到国家留学基金资助（2016年）
本书是山东大学自主创新项目“恩格尔哈特生命伦理思想研究”（IFW12009）成果

允许作为一种程序原则是否可行

——恩格尔哈特生命伦理思想研究

YUNXU ZUOWEI YIZHONG CHENGXU YUANZE SHIFOU KEXING

郑林娟 著

山东人民出版社·济南
国家一级出版社 全国百佳图书出版单位

图书在版编目（CIP）数据

允许作为一种程序原则是否可行 ：恩格尔哈特生命伦理思想研究 / 郑林娟著. -- 济南 ：山东人民出版社,2017.6

ISBN 978-7-209-10930-7

Ⅰ. ①允… Ⅱ. ①郑… Ⅲ. ①恩格尔哈特－生命伦理学－思想评论 Ⅳ. ①B82-059

中国版本图书馆CIP数据核字(2017)第146430号

允许作为一种程序原则是否可行
——恩格尔哈特生命伦理思想研究
郑林娟 著

主管部门 山东出版传媒股份有限公司
出版发行 山东人民出版社
出 版 人 胡长青
社　　址 济南市英雄山路165号
邮　　编 250002
电　　话 总编室（0531）82098914
　　　　 市场部（0531）82098027
网　　址 http://www.sd-book.com.cn
印　　装 济南万方盛景印刷有限公司
经　　销 新华书店

规　　格 16开（169mm×239mm）
印　　张 8
字　　数 150千字
版　　次 2017年6月第1版
印　　次 2017年6月第1次
印　　数 1-1000
ISBN 978-7-209-10930-7
定　　价 36.00元
　　　　 如有印装质量问题，请与出版社总编室联系调换。

序　一

郑林娟博士的这部生命伦理学研究专著具有三个特点，值得读者关注。

首先是论证的集中性。本书致力于恩格尔哈特的生命伦理学思想，而且集中探讨其俗世生命伦理学的核心原则——“允许原则”。恩格尔哈特的生命伦理学有两个部分，一是俗世的，一是宗教的；其俗世的部分中也包含其他原则、不同重点。我特别欣赏林娟所采取的高度集中性策略，对于允许原则的背景、语境、基础、要件、意义及其应用，进行各方面的探索和介绍。

就西方生命伦理学的研究而言，“只见树木，不见森林”固然有所欠缺。然而，如果我们不去仔细了解几颗具体的树木，我们所见的森林也就只能是模模糊糊的一片，不会有什么深刻的见解。如果我们的研究表面上涉及许多学者，但都是囫囵吞枣，东抄一句，西引一句，实际上是得言忘义（即并没有把别人的真实思想和论证搞清楚），甚至是望文生义（即写下的其实是自己的观点），那就没有什么意思了。做研究，写论文，还是以小做大、小题大做更好一些。

其次是内容的朴实性。医学伦理学、生命伦理学的研究涉及生老病死的哀痛、人类价值的感召，特别容易引起人们的情感反应。有些课题、报告，听起来像是文学、艺术，好用先进事迹、雷人雷语，一时兴起，让听众热血沸腾。但这门学科的本质还是人文分析、社科研究，如同林娟在本书中所做的那样——把“允许原则”的历史脉络、逻辑结构给予相对完备的、系统的阐述和探讨——这样的学术著作的内容，势必是分析的、朴实的。她的解读未必都正确或深刻，但是有用的。

最后是文化的相关性。对于允许原则（以及其他西方生命伦理学的理论及原则），林娟指出三种不同的态度：拒绝主义，拿来主义及重构主义。林娟认为，当代中国生命伦理学要肩负起当代中国的历史使命，应当根据自己的道德传统，提出自己的理论，解决自己的问题，开创自己的前途。在她看来，这一工作有赖于两个方面的努力：一是对西方生命伦理学的历史渊源、理论传统、文化精神进行认真合理的梳理；二是对中国传统文化资源进行重新认识、发展和创新，将民族文化的精髓合理地应用到现代生命伦理学学科建设和科学实践当中去。林娟的这一专著，是属于第一方面的一种不可或缺的、认真的努力。

范瑞平

2017 年 3 月 11 日于香港城市大学

序 二

古希腊伟大的哲学家亚里士多德的父亲是马其顿国王阿明塔斯的宫廷医生，据说医术十分精湛。或许因为出身医学世家的缘故，亚里士多德对医学及医术的理解比常人更为具体而深入，在其著作中经常使用医术阐释哲理。亚里士多德把医术纳入技艺范畴，称之为创制科学，是区别于思辨科学（包括数学、物理学、第一哲学或神学）和实践科学（包括伦理学、政治学等）的另外一种科学。作为一种技艺，“医术的目标是健康”。也就是说，医生对病人的医疗是通过配合病人自身的“自然”，促进病人恢复自身生命力，让自身回归本来的“自然”常态。所以，医疗过程必然“从医术出发，但却不导向医术”，它不是为了技术（提高医生的治疗技艺），而是为了人（让健康回归被治疗者）。医术因此必然具有联系着人之本然的存在状态，它关乎着人的整体性存在，属于一种自我理解和相互理解的人类生存经验。正是这样一个缘故，亚里士多德研究者们普遍认为，医术决不能被简单地理解为在医疗过程中对人的自然身体使用医学知识，它更应该被看作为一种人（医生）与人（患者）之间的交往实践，这种交往实践主要致力于这样一种关系的建构：医者通过治疗技艺与被医者形成交往互动，在互动实践中召回被医者身体的自然平衡，将被遮蔽在不自然状态的身体“自然”召唤至本真状态。真正的医术是对人之身体内在机能关系及其它与自身所处的外在存在关系之平衡样态的维护与修善。医学或者医术中充满了伦理精神。从这个意义上说，它是一种超越了一般性经验知识而把握了一类事物本质且具有普遍性的理论知识。

亚里士多德所阐释的这种医学传统，在古代西方世界占据主流位置。在古代希腊，医生像哲学家一样从事着治疗工作，不仅治疗人的身体，也治疗人的灵魂，不仅对别人进行治疗，也对自己进行治疗。医学（或是医术）既是身体的艺术，也是灵魂的艺术，引导人们进入一种平静而健康的生活状态，也是一种关乎人之完美存在（古典意义上的幸福）的实践智慧。因而，从医术作为一种治疗的技艺角度说，医学是普遍性的理论知识；但从医术作为一种技艺存在的目的角度说，医学本质上当是一种关乎生命之整体存在且充盈着生命关怀之伦理精神的实践智慧。

古典时代医学强调对生命整体的关注和关怀，其境界极为高远。可以说，古典时代人们对医学的理解远远超出近代以来对医学的人文理解。在人文视域中，医学的确突破了生物学模式的局限，从人的尊严角度思考医学的本质。患者不再被简化为生命机器，因某个部位损伤或功能失常需要修理和更换零件，其作为医术所施予的对象被看作是活生生的生命存在体。而医者也不再被定义为诊断和修复生命机器的工程师，其职责似乎只是使用各种技术化手段去发现和修复生命机器的缺陷。与之相应的是，医疗过程关注的中心转向了人——以整体性生命形态呈现出来的有机存在体。这种有机生命体不能再被技术地分解为病因、病原、症状、体征等的单个词素，仿佛存在于检验单的数值中，呈现为造像仪器生成的影像图片。

不可否认，人文医学在促使医学回归到人本身，祛除医术对人的遮蔽方面居功至伟。在人文医学视域中，病人不是“病”，而是有着自身生命体验和历史存在经验的完整的“人”，它强调医学伦理的关怀向度，要求在医疗过程中实现对待病人态度和行为方式上的人道转变。医疗行为强调给予病人以情感上的呵护，不仅指向疾病的治疗（cure），而且指向对病人的关怀和照料（care）。这种注重关怀向度的伦理诉求，在医疗活动中突出了生命的价值和人的尊严。但是，受近代主体性哲学影响，人文医学模式往往将患者对象化为医术所要施予的客体，关怀主要表现为人道地对待医术的对象。由于医疗过程主要由寻求帮助的患者与有能力提供帮助的医生之间的交流互动行为构成，而其中医生具有更多的权力、更大的权威和更强的能力，因此，关怀基本上是由医生单向度施予的，由此形成“医疗家长主义”这样一种近现代医学之核心伦理法则。由于这样一种伦理法则较好地适切了建基在普遍的理性规范之上的现代性社会，所以也为生活在现代性秩序中的人们所普遍接受。

但是，随着后现代思想状况来临，人们被带入一个多元化、情境化的道德境遇。在抽象、普遍的道德原则效力不在的时代，道德共同体意识急速陨落，道德朋友消失，道德异乡人走向公共生活的前台。由于不同的道德共同体有着不同的道德理想，遵从着不同的道德规范，道德争端随时随地会发生。如果说道德朋友的争端可能在道德共同体内部得到解决，那么道德异乡人则失去了解决道德冲突的普遍的前提，因为在今天理性已经没有能力提供一个确定的、普遍适用的道德基础以化解道德冲突。在这种情况下，通过对话协商达成某种交叠共识（保持差异的共同承认）成为不二的选择。于是，相互尊重就成为人与人之间相互并存及其理性交往的核心伦理原则，这也是多元社会不同共同体能够得以和平共处的一种实践智慧。这从某种意义上说，也是从伦理意识上回归古典精神。

在生命伦理学领域，恩格尔哈特就是这种多元道德智慧的标志性代表人物。他提倡一种多元伦理学，要求在价值原则分化、诸神并立的当代，以一种博大的胸怀将尊重情感真真切切地落实在任何行为（集体的和个体的）之中，过两种类型的道德生活：一方面，按照自己的道德原则去生活，给别人以示范，用行动去劝谕。另一方面，宽忍他人以自己的道德原则去生活，哪怕这种生活方式不被自己所接受；拒绝一切强制性的统一，理性达成交叠共识的途径只能是尊重、商谈与同意。

应该承认，国人对恩格尔哈特的多元伦理智慧缺乏必要的了解，大一统思想的意识残余以及对于多元伦理智慧在知识上的不足，使得人们在价值分殊的当下手足无措，经常性陷入非此即彼的对立及撕裂之中。具体到医学伦理学，人们往往单向度要求被施予关怀，仿佛“医术作为一种仁术”就必然要求某一方需要做出更多的牺牲。医疗过程所涉及的各方缺乏相互尊重感情，彼此之间也鲜有同情式的相互理解，更遑论宽容地彼此对待，反思性地对待自身。在这种情况下，深入地了解恩格尔哈特以“允许原则”为核心的生命伦理学，回归古典精神，从中学到多元智慧，将尊重情感引入个体与个体、群体与群体之间的交往活动中去，就显得尤为必要。

以此为背景，我们就知道郑林娟博士的这本著作《允许作为一种程序原则是否可行——恩格尔哈特生命伦理思想研究》之于今日中国是何等地必要，又是何等地重要。郑林娟博士哲学出身，硕士毕业就选择医学伦理学作为自己的学术志业。之后跟随我攻读博士学位，致力于恩格尔哈特生命伦理学研究，2016 年又在美国莱斯大学从事学术访问一年，受教于恩格尔哈特教授门下。她在生命伦理学领域耕耘多年，对生命伦理学尤其是对恩格尔哈特的思想有着深入研究，所形成的见解独到而精辟。郑林娟博士是一位愿意在自己心仪的学术领域深耕细作的优秀学人，这部著作就是她对恩格尔哈特思想多年精深研究的结晶。

郑林娟博士的这部著作将研究的关注点放在恩格尔哈特的“允许原则”上，在详尽分析恩格尔哈特“允许原则”产生的历史文化语境之后，作者进一步讨论了医学知识的客观性、医生权威和患者自主等问题，对允许原则的“前理解结构”进行了辩证。更有价值的是，郑林娟博士对恩格尔哈特“允许原则”的研究充满了现实关怀，她的研究强调的是研究结论的“效果历史”效应。具体来说，理论上，探究在解决当下生命伦理学界的道德分歧问题上，允许原则所提供的路径的可能性及其限度；实践上，探究允许原则对中国所可能产生的影响，寻找当下中国医生和患者和平合作的基本道德框架及其普遍化基础，为建构本土化的中国生命伦理学铺路搭桥。由于郑林娟博士多年用功于生命伦理学研究，并承担相关课程的教学工作，也从事过这个方面的课题研究，她掌握有丰富的一手资料和实践案例，所以，她在这本书中，征引丰富，分析到位，极具说服力，对于读者深入了解恩格尔哈特的思想具有直接的帮助，同时，她的研究也能够开放出新的学术议题，向前推进相关的研究。

当然，郑林娟博士的研究也存在许多需要进一步改进的地方。比如，她的研究视野需要更加开放，她的学术语言及其叙述表达需要更加凝练等。我始终相信，一个学者只要对学术心存敬畏且以追求真理为学术的动力，承认自己理性有限且善于学习与反思，关注真问题而不随波逐流，就一定能够不断进步而成就自己的学术梦想。生命伦理学关乎人的整体性存在，提供一种自我理解和相互理解的人类生存经验，可以说是一块落英缤纷、芳草鲜美之地，值得策马入林、探骊得珠。希望郑林娟博士再接再励，拿出更好的研究成果，在学术上出类拔萃。

傅永军

2017 年 3 月

自　序

本书致力于研究美国著名生命伦理学学者恩格尔哈特的《生命伦理学基础》，重点讨论了恩格尔哈特的俗世生命伦理学的核心问题——允许原则。写作本书的理论意义在于详尽解读恩格尔哈特的允许原则产生的历史文化语境、医生权威和患者自主的博弈，允许原则的内涵及意义和局限性，允许原则对于中国可能产生的效用，进一步拓深、推进国内学术界对恩格尔哈特的允许原则的研究。本书的实践意义在于借鉴允许原则来重新审视中国医疗实践中知情同意的现状、存在的问题，并对价值多元化境遇下的医患冲突或分歧提供伦理上的指导和建议，以期改善我国医疗技术水平与世界接轨而生命伦理学理论建设相对薄弱的现状。在研究方法上，本书主要使用了文献研究法和案例分析法。

20 世纪五六十年代，伴随着医学高新技术的发展，美国的传统宗教信仰受到世俗主义的挑战，医生的权威受到质疑（二战后，美国发生了欺骗或诱导受试者的非人道的人体试验），病人权利运动兴起，以及美国多元文化信仰共生等，促成了人们对生命伦理问题的关注和争论。针对生命伦理学领域中的众多分歧和争议，很多生命伦理学家试图构建具有实质内容的生命伦理学共识。与主流研究方式不同，美国著名生命伦理学学者恩格尔哈特教授另辟蹊径，针对生命伦理学领域中诸问题的多元化语境，提出了程序性的生命伦理学共识——允许原则，并做出了具有较强适用性的解决医患双方道德分歧的论证，在国际生命伦理学界引起了巨大反响。

为了阐述恩格尔哈特构建允许原则的合理性，作者首先详细考察了恩格尔哈特的思想所处的历史—理论语境，即后现代状况与道德多元化、理性的有限性和古典自由主义的影响。受这些历史—理论语境的影响，恩格尔哈特的生命伦理学具有明显的后现代特征。他本人承认其主要著作《生命伦理学基础》就是一部后现代的著作。从后现代出发，恩格尔哈特认为，道德多元化在美国是不可避免的。在他看来，由于不同的道德共同体存在不同的道德前提和预设，所以道德异乡人之间的争论可能无休无止。恩格尔哈特的程序性原则的一个重要起点，恰恰在于对这种差异性的关注。与启蒙运动的道德工程坚持构建一个客观的、普遍有效的道德观以解决道德分歧不同，恩格尔哈特认为，启蒙运动的道德工程在跨文化的背景下是不可能实现的，客观的、普遍有效的道德观仅存在于具体的道德共同体中。在他看来，“所有的人类道德都关注自由、平等、繁荣和安全，这也许将成为一个事实，但是按照如何去判断以及结合这些关系，一种明显不同的道德规范就得以建立”。由此可见，恩格尔哈特不仅受到麦金泰尔的影响，而且也深受后现代主义者的影响。他力行后现代多元性、异质性和平等性之主张，相信理性无法证明某一种道德观为最优。基于这种识见，恩格尔哈特主张，道德分歧的解决只能求助于参加争论的人，人成为道德权威的来源。据此推出，恩格尔哈特还是一个有着古典自由主义思想情结的生命伦理学家，尽管他本人并不同意这种分析。恩格尔哈特本人认为，他从未主张个人选择具有最重要的价值，只是由于我们无法继续得到上帝的恩典，而且启蒙运动的道德工程已经坍塌，我们才不得不求助于人作为道德的权威。在他看来，自由只是生命伦理学的一个先验条件。既然客观的、普遍有效的道德共识无法形成，那么程序性的共识就可能是解决道德分歧的路径。

对恩格尔哈特的思想所根植语境的解读，以及对其思想倾向的分析，为作者理解恩格尔哈特关于医生权威和病人自主之间的博弈的思想提供了诠释基础。恩格尔哈特认可在某些情况下医生可以行使家长主义的权威，如针对没有行为能力的个体（包括两种类型：一类是那些从未有过行为能力的个体，诸如婴儿、幼儿、先天的严重智力障碍者；另一类是那些一度有行为能力但在丧失行为能力之前未能提前提示应该如何治疗他们的人，如尚未预立遗嘱而成为植物人或昏迷的成年人）、有行为能力但明确或暗示将治疗的决策权委托给医生的患者。现在的问题是，当医生和一个有行为能力的患者发生道德分歧时应该怎么办。他提供了四种解决的路径：强制、分歧的双方中有一方转变了自己的立场、圆满的理性论证和同意（又称为允许；人所不欲，勿施于人）。针对第一种路径，恩格尔哈特指出，由于许多人注意到知识具有以历史和文化为条件的特征，对于医学知识的任何描述都会受到不同科学家共同体所属历史和文化的影响，所以我们无法给出一种中立的、纯描述的疾病说明。就此而言，即使医生能够提出他所认为的好的、对的医学决策，患者本人也未必就认同这种医学决策。此时，强制是不可行的。它是一种典型的伦理帝国主义，是一种不讲道理的压服方式。对于解决医患之间道德分歧的第二种路径，情况有点复杂，因为现实中并不排除由于分歧的一方放弃自己的立场而使得医患分歧得以化解。但是，不可否认的是，希望所有的道德争端都通过这种方式解决是不现实的，因为历史和现实一再证明各大文化传统并没有整合为一个文化传统。正如恩格尔哈特在《生命伦理学基础》的导言中所说："20世纪一些专制的政治领袖试图用强制手段使国家成为单一的道德共同体，但尽管经过了野蛮的镇压，多样性依然如故"。所以说，强制都不能实现的事情，完全依靠个人的自觉，从一个道德共同体转入另一个道德共同体只能是偶尔的现象，不具有普遍性。解决医患之间道德分歧的第三种路径即借助圆满的理性论证解决医患冲突。在启蒙运动的道德工程失去合法性之后，它的不可能性已经是不争的事实。如此看来，唯有第四种路径可行。也就是说，同意（允许）是我们解决道德分歧的最好方式。

在恩格尔哈特看来，允许原则的实现至少需要满足三个条件：允许原则的参与者是具备自我意识、理性、道德感和自由的人，人应该属于某种道德共同体，自由的和知情的决策是允许原则实现的核心。基于上述分析，作者进一步比较了允许原则和行善原则、允许原则和正义原则，通过论证确立了允许原则的优先性。这在一定程度上克服了生命伦理"四原则说"（有利或行善、无伤、尊重自主和公正）的局限性。

恩格尔哈特的允许原则在生命伦理学领域引起了众多争议。笔者认为，允许原则的主要价值和意义在于以下三点：第一，恩格尔哈特能够超越自身东正教的立场，站在各个共同体之上看待人们之间的争议，并构建了一个中立性道德框架——相互尊重、平等协商。他确立了针对道德异乡人的正确的道德箴言：人所不欲，勿施于人。这有利于全球范围内道德异乡人之间的和平合作。第二，恩格尔哈特反对将西方的价值观作为普适的伦理观，而且他充分尊重各个国家和民族的文化传统。在他看来，全球伦理在西方是一种很强势的观念。有一些欧洲人受到启蒙主义的影响，总认为他们是唯一正确的。恩格尔哈特正好与他们反其道而行之。他认为，可以通过对话、交流、劝说来影响道德异乡人的道德观，同时每个人都应宽容道德异乡人的审慎的、理性的决定。第三，恩格尔哈特对允许原则的强调，让我们看到多数派的民主决策机制的局限性。在仅涉及个人重大利益而没有对他人造成伤害或仅有细小伤害时，个人对自己的生命应该拥有决定权。当然，允许原则不是一个圆满无瑕的原则，它不可能解决所有的生命伦理问题。这样看并不会抹杀允许原则所应具有的价值。笔者认为，针对道德异乡人的道德分歧而言，恩格尔哈特给出了一个非常圆满的论证，即确立了医生家长主义和国家卫生保健政策之权威的限度。

具有古典自由主义倾向的允许原则对中国会产生哪些影响呢？笔者相信，无论我们把现代中国社会主要看做一个权力高度集聚的大一统社会，还是看做一个正在走向价值多样的世俗化社会，允许原则对我们都有借鉴意义。首先，中国的对外交流日益频繁，医疗领域的合作不可避免地会面对道德异乡人的困境，这种境况完全可以参照允许原则来解决可能面对的道德分歧。其次，我国自1985年进行卫生体制改革以来，由于优质医疗资源紧张、医疗费用上涨以及市场机制引入医疗机构等原因，医患冲突时有发生，医患关系呈现紧张的趋势，迫切需要构建和谐的医患关系。在这种大背景下，医疗高新技术的研究和临床应用稍有不慎，便会即刻触动医患之间敏感的神经，所以我们在开展器官移植、辅助生殖、人体试验等方面，应借鉴尊重、充分告知、沟通、理解等手段，增进医患之间的平等交往，重建医患之间的信任。

目　录

导　言

中国的生命伦理学（Bioethics）[1] 是西方的舶来品。生命伦理学肇始于20世纪50年代至60年代的北美。从某种角度来说，它是一个崭新的学术领域。“生命伦理学的出现是由科学和文化两方面的发展而引发的。就科学而言，随着二战以后的基础科学的发展，60年代医学科技出现了前所未有的进展：肾分解术、器官移植、胎儿诊断、安全人工流产、避孕药、基因工程等等；临床医学采用了各种具有特别疗效的先进仪器，人工呼吸机、心脏活动的检查与监控仪器等。这不仅大大延续了人类生命，亦延续了死亡的过程。……就文化发展而言，由于学生和黑人推动的人权运动、主张妇女解放的女权运动、突出个体的个人主义运动不断高涨，又由于二战后的财富、人口流动等因素，美国的社会体制都出现重大变革……新的科技带给了人类征服自然的可能性，新的文化意识也把人从旧的传统中释放出来，从而使人有更大的自由去掌握与控制自己的生命与终结。”[2]

伴随着医学高新技术的发展，美国传统宗教信仰受到世俗主义的挑战，医生的权威受到质疑（二战后，美国发生了欺骗或诱导受试者的非人道的人体试验），病人权利运动兴起，以及美国多元文化信仰共生等，促成了人们对生命伦理问题的关注和争论。由此，一种崭新的应用伦理学形态应运而生，丰富了伦理学的研究领域。

中国改革开放之后，在不断学习国外先进科学技术的同时也加强了与国外多元文化的学习与对话。早在20世纪70年代末80年代初，“生命伦理学的一些问题和概念，如试管婴儿、脑死亡、安乐死等，就传入了中国。最主

---

① 在大多数学者看来，生命伦理学作为伦理学的一个分支学科，是在医学伦理学基础上发展演变而成的；现在医学伦理学是生命伦理学的一个重要组成部分。

② 许志伟：《生命伦理——对当代生命科技的道德评估》，朱晓红编，中国社会科学出版社2006年版，导言第1页。

要的传播者和研究者是中国社会科学院哲学研究所的邱仁宗研究员。1987 年，他出版《生命伦理学》一书，首次在中国系统全面介绍生命伦理学，产生了广泛影响。中华医学会每两年举行一次的学术讨论会，都有关于生命伦理的议题和论文。"[①] 此外，《医学与哲学》和《中国医学伦理学》是国内生命伦理学研究成果得以展示的专业期刊。

中国虽然没有美国生命伦理学产生的历史背景，但是由于医学高新技术不断地引入医疗临床实践，生命伦理学的很多研究主题不断碰撞着中国传统的价值观，引发了中国医学界、伦理学界和卫生行政部门的关注。对生命伦理问题的关注与我国医疗卫生事业的发展紧密相关。新中国成立初期至改革开放期间，国家实行了公费医疗、劳保医疗和农村合作医疗，利用较少的投入取得了巨大的成果。中国的医疗模式取得了举世瞩目的成绩。伴随着农村联产承包责任制的推行和国有企业改革，合作医疗和劳保医疗难以为继。1985 年，中国开始了医疗卫生体制改革，试图解决百姓看病难、住院难的问题。在这样的背景下，中国的医疗领域出现了诸多有争议的问题。如公立医院的市场化取向加深了患者对医生的不信任，患者对自己的权利过分张扬，医学高新技术的研发充斥着医学界利益和患者健康利益的博弈，"安乐死"、"脑死亡标准"等概念的引入使国人重新思考生与死的意义和有无死亡权利的问题，器官移植和辅助生殖引发众多伦理问题，等等。为了规范我国医疗领域出现的一些新问题，我国出台了很多卫生法律、法规和条例，而且相关的医学伦理学文献也如雨后春笋般涌现出来。

生命伦理学产生于西方，对于正处在卫生体制改革关键时期的今日之中国，有着积极的镜鉴意义。我国生命伦理学研究起步较晚，无论是理论的系统研究，还是具体的伦理对策实践，与西方相比，都有着不小的差距。近年来，随着高新医学技术的应用、市场机制的引入、患者权利意识的觉醒以及社会道德意识的多元化等因素的综合作用，医患关系的紧张与冲突日益凸显，甚至有些医患冲突还酿成了影响社会和谐的重大事件。如何应对多元化社会情境下医学和生命伦理学方面的诸多挑战，已成为我国理论界特别是伦理学界必须高度重视的问题。

针对生命伦理学领域中的众多分歧和争议，很多生命伦理学家试图构

---

① 陈竺:《生命伦理学在中国》,《中国医学伦理学》2005 年第 6 期，第 1 页。

建充满具体内容的生命伦理学共识。美国著名生命伦理学学者恩格尔哈特教授另辟蹊径，针对生命伦理学领域中诸问题的多元化语境，提出了程序性的生命伦理学共识——允许原则，并做出了具有较强适用性的解决医患双方道德分歧的论证，在国际生命伦理学界引起了巨大反响。它山之石可以攻玉，在当下我国伦理学界对生命伦理学的研究还相对薄弱的情况下，研究、借鉴西方成熟的理论，对于我们在利益格局分化、多元文化语境形成的情境下探寻有中国特色的处理医患冲突的伦理原则与现实对策，具有积极的意义。

第一节 研究背景与目的

从新中国成立初期至20世纪80年代中期，由于国家对医院实行计划经济管理模式，医院的门诊、住院等定价较低，而且当时的医疗保障模式相对完善，所以医患之间的关系基本上是比较融洽的。改革开放以来，我国开始逐步建立社会主义市场经济。党的十一届三中全会之后，农村联产承包责任制推行，农村合作医疗所依赖的集体经济不复存在。国有企业进行改革，很多职工下岗，使得劳保医疗难以为继。因此，广大的农民和普通的工薪阶层失去了医疗保障。

1985年，医疗卫生体制改革开始。为了调动医院工作人员的积极性，增强医院的活力，改变计划经济模式下只有公平、效率低下的局面，政府对医院实行差额补偿，鼓励医院实行企业化自负盈亏的管理模式。如何兼顾医院的经济效益和社会效益，困扰着我们的医院管理者和每一位医生。面对这种困境，山东省济宁医学院临床学院的武广华院长开辟了一个崭新的局面：他率先实行了单病种限价的举措，对于降低医疗成本、规范医疗行为、构建和谐的医患关系、深化医疗改革起到了重要作用。他所在的医院既赢得了良好的社会效益，也收获了丰厚的经济效益。2006年3月15日，武广华院长获得CCTV2006“3·15”杰出贡献奖。这似乎是医院改革应该发展的方向。但是，有一些医院并没有处理好社会效益和经济效益的关系，导致我国的医患关系日趋恶化。由于我国的双向转诊制度没有落到实处，大医院人满为患，小医院生存艰难。绝大多数医院管理者、医生未能转变计划经济模式下的行医心态。因为改进管理模式、提高服务质量和水平、服务收费透明等措施势必会对医院的管理和医生的思维定式形成冲击，所以哈尔滨医科大学附属第二医院的天价医药案、安徽娄底中心医院的胡为民辞职事件、河南省某中医院将“三无病人”遗弃到路边最终冻死等事件的出现也就不足为奇了。当然，之所以导致这些不和谐的事件，既有卫生保障体系不健全的原因，也有政府责任缺失方面的原因。但是作为临床工作者，我们更应该反思我们应该做些什么，我们能够做些什么，我们能够改进些什么。

综上可以看出，一方面，我国目前的医疗保障制度处于转型期。相当一部分普通百姓不能享有医疗保障，其患病需自费医疗，负担过重。这表明我国的城镇职工和城镇居民基本医疗制度以及惠及农村人口的新农村合作医疗制度仍有很多需要完善的地方。另一方面，我国的各级医院还需加大改革力度，在借助自己优良的医疗服务以维持自身正常运转的前提下，也应更大程度地满足人民群众特别是患者对优良医疗资源的需求。我们可以从上述矛盾中找到现代医患关系紧张的一种重要原因。而医患关系的不和谐持续升级，不仅导致医患之间暴力事件不断出现，既严重伤害了患者根本的利益，也大大损伤了医生的权威。这样评估其贻害也不算过分。

在中国当前情境下，医生的权威是什么？医生的家长主义行医方式是否可行以及应用的限度和前提是什么？当医生对有利或行善的理解与患者的理解有分歧时，应该如何处理？医生和患者之间能形成大家普遍接受的生命伦理学共识吗？如果能够形成，生命伦理学共识的基础是什么，生命伦理学共识的具体内容是什么？如果不能够形成共识，原因是什么？对于没有生命伦理学共识的医患双方而言，应该如何解决分歧？是强制，是劝说，还是尊重患者的自主选择？对于以上问题的思考，当然首先应当基于中国现实给出答案。但是，它山之石可以攻玉，借鉴国外较为成熟的生命伦理学提供的解决原则，也未尝不是一条好的路径。在众多生命伦理学家仍在寻求有实质内容之生命伦理学共识的情况下，美国著名生命伦理学家恩格尔哈特独辟蹊径，给出与其他生命伦理学家不同的论证。他基于俗世的立场提出的允许原则是解决医患之间道德分歧的一条程序性原则，其针对的情形主要是变化中的社会和多元文化交汇的社会。因此，恩格尔哈特所提出的允许原则及其论证为我们审视中国紧张的医患关系提供了一个独特的视角。

恩格尔哈特解决问题的思路是在美国特定的历史文化背景下产生的，虽然遭到众多生命伦理学家的批评和质疑，但是他针对道德多元化、每个道德共同体的预设前提截然不同而尊重理性的人的态度，无论是对解决不同人群跨文化的分歧，还是对解决国家之间的分歧都有重要的借鉴意义。中国的生命伦理学处在起步阶段，中国目前医疗领域的问题层出不穷，迫切需要我们重新审视中国医生的权威、中国医生的家长主义作风、患者什么样的自主应该得到尊重、医患之间的冲突应该如何调和等问题。无论是医疗领域的工作人员、患者，还是卫生政策、法律的制定者和执行者，都需要认真地思考以上问题，以期为构建中国和谐的医患关系提供理论论证和政策基础。

第二节 相关研究文献回顾

一、恩格尔哈特生平

恩格尔哈特（H. Tristram Engelhardt）教授 1941 年出生于美国德克萨斯，信奉东正教，哲学博士和医学博士。他早年执教于德克萨斯州大学加尔维斯敦医学人文学研究所、乔治城大学哲学系和肯尼迪伦理学研究所。1983 年至今，担任莱斯（Rice）大学哲学系教授和贝勒（Baylor）医学院医学系教授。恩格尔哈特具有深厚的西方古典学术基础。在语言方面，除母语英语外，他还通晓希腊、拉丁、德、法和西班牙文。他师承当代德国哲学家哈特曼，精通康德和黑格尔哲学。其主要学术精力投注在医学哲学和生命伦理学方面。此外，他在贝勒医学院还开设医学史、临床伦理学和医疗保健制度等课程。由于他旺盛的学术精力、敏捷的思维反应和雄辩的演讲才能，他被不少人誉为当代学术界的奇才。①

① 参见〔美〕恩格尔哈特：《生命伦理学基础》，范瑞平译，北京大学出版社 2006 年版，译者前言第ⅩⅡ页。

二、国外研究现状

恩格尔哈特在医学哲学和生命伦理学领域的卓越贡献[①]已经引起了广泛的国际影响。恩格尔哈特的第三部专著《生命伦理学基础》的第一版于1986年问世，已经引起了广泛的关注和极大的争议。大量书评和援引见诸于各类哲学和医学文献中。在北美和欧洲已经以该书为题举行过5次专题研讨会，并有一本法文版的会议论文集出版。[②] 第一版有意大利文译本和日文译本，德文译本因恩格尔哈特本人对其质量不满意而延搁。西班牙文翻译和中文翻译于1994年与作者对第一版的修订工作同时展开。现在，英文第二版和西班牙文译本已经出版，新的德文译本也在准备之中。[③]

针对恩格尔哈特《生命伦理学基础》第一版的批评主要包括以下几点：

1. 以为该书是一部弘扬自由价值的自由主义（liberalism）宣言。

2. 以为该书是在宣扬某种相对主义多元价值观和道德观。

3. 以为该书是在抑制理性的力量和限制哲学的功能。

4. 以为该书所论述的俗世的伦理学和和平的共同体跟作者所探讨的具体生命伦理学问题关系不大。[④]

恩格尔哈特在《生命伦理学基础》的第二版中针对以上问题做出进一步解释。至于是否真的可以消除以上的误解，还需要我们进一步考察。

以研究恩格尔哈特的思想为主题的专著《解读恩格尔哈特》（*Reading Engelhardt*）已由荷兰克罗渥（Kluwer）出版公司于1997年出版。该书前言中指出，恩格尔哈特是生命伦理学和医学哲学领域中具有引领性的国际人物之一。前言作者 Laurence B. Mccullough 认为，“在这个领域没有其他的书被翻

① 出版专著5部，发表论文200多篇。1984年起担任《医学与哲学杂志》（1975年创刊）的主编，担任著名的“医学与哲学”系列丛书（1975年创办）的主编，也是“临床生命伦理学”系列丛书（1987年创办）的主编，还是1995年创刊的《基督教生命伦理学》的主编。

② 在美国分别于1987、1990、1992和1995年举行了4次专门研讨会，1991年还在布鲁塞尔举行了一次国际性研讨会。会议论文由奥斯特（G. Hottois）编辑出版（巴黎：弗拉因哲学文库，1993）。此注释转引自邓艳平：《当代美国生命伦理学中原则之争述评》，湖南师范大学硕士论文，2003年，第38页注释①。

③ Brendan P. Minogue, Gabriel Palmer-Fernandez and James E. Reagan. *Reading Engelhardt*. Kluwer Academic Publishers, 1997. Foreword: A Professronal and Personed Portrait of H. tristram Engelhardt, JR.

④ 参见〔美〕恩格尔哈特：《生命伦理学基础》，范瑞平译，北京大学出版社2006年版，译者前言。这些批评的具体出处，见译者前言的注释〔5〕。

译成这样众多的语言或者说像《生命伦理学基础》一样在很多国家是重要的”[①]。此书共包括15篇文章，其中14篇文章是生命伦理学和医学哲学领域中针对恩格尔哈特的评价或阐述，最后一篇文章是恩格尔哈特对以上批评或评论的一种回应。

在《解读恩格尔哈特》中，笔者认为比较重要的研究是如下6篇：

1. James Nelson《每个事物有权利包含自身：恩格尔哈特生命伦理学基础的权利和连贯性》一文中指出，恩格尔哈特的原则在允许人们做什么的方面太宽松，在禁止人们不做什么的方面太严格，并质疑同意作为理性和充分的规则基础的必要性和充分性。

2. Kevin Wm. Wildes, S. J. 在《恩格尔哈特的共同体伦理学：暗藏的假定》一文中论证，恩格尔哈特不是由于选择而是由于无为而成为一个古典自由派的；Wildes认为，如果我们认识到他著作的核心是对伦理学中现代性哲学谋划的评估，那么我们就能把他关于世俗国家道德局限的古典自由派观点与他的共同体主义的道德观点联系到一起。

3. Wade Robison在《垄断与患病的道德陌生人》一文中批评了恩格尔哈特有关道德上值得称赞和值得谴责的卫生保健资源分配的自由论述，并质疑恩格尔哈特的主张，即自由（liberty）比其他价值优先或更加基础。

4. Rory B. Weiner在《除了宽容作为卫生保健体系的道德基础之外：关于恩格尔哈特的生命伦理学原则的分析》一文中论证，恩格尔哈特的充当世俗道德的必要和充足基础的允许原则的推论是错误的，因为人们之间的不平等是名副其实的且不平等的程度非常大；恩格尔哈特在关于不平等如何侵蚀自由的解析上的缄默证明他的断言是虚假的。

5. Cynthia Brincat在《生命伦理学基础的基础：恩格尔哈特的康德哲学基础》一文中，质疑恩格尔哈特有关康德的公民伦理国家。尽管恩格尔哈特的国家观和康德的国家观呈现出明显的相似性，但她试图论证在这两种观点之间存在重要的不同。

6. 范瑞平在《实质自由主义的不可证明性和恩格尔哈特程序自由主义的不可避免性》一文中论证，恩格尔哈特的“薄的”或非实质性的政治自由主

---

① Brendan P. Minogue, Gabriel Palmer-Fernandez and James E. Reagan, *Reading Engelhardt*, Kluwer Academic Publishers, 1997. Foreword: A Professional and Personal Portrait of H. Tristram Engelhardt, JR.

义计划，对于当代俗世国家和社会而言，是一种必须和充足的引导哲学。[①]

除了《解读恩格尔哈特》这本论文集针对恩格尔哈特的思想进行了专门研究外，美国乔治城大学肯尼迪伦理学研究所的著名生命伦理学学者比彻姆(Tom L. Beauchamp) 对恩格尔哈特的生命伦理思想提出了尖锐的批评。比彻姆指出："作为恩氏20年的同事和朋友，必须对恩氏生命伦理学做出毫不留情的学术质疑和批评。"[②] 在恩格尔哈特出版《生命伦理学基础》之前，比彻姆和邱卓思（James F. Childress）撰写了西方当代生命伦理学的巨著《生命伦理学的原则》。[③] 他们认为，"道德叙述中的一套原则应当发挥一个分析的框架的作用，这个分析的框架表达了共同道德中规则之下的普遍价值。然后，这些原则能够为职业伦理学发挥指南的作用。在第三章至第六章中，我们辩护了服务于这种功能的四组道德原则。四组原则是：（1）尊重自主（尊重自主的人有能力做出决策的规范）；（2）无伤（避免伤害产生的原因的规范）；（3）有利（一组提供了利益以及平衡利益与风险和代价的规范）；（4）公正（一组公平分配利益、风险和代价的规范）"[④]。恩格尔哈特《生命伦理学基础》的观点颠覆了比彻姆的理论基础，因此比彻姆质疑"恩格尔哈特所提供

① 其他文章按书中排列顺序如下：1. Stanley Hauerwas 在《不是所有的和平都是和平：为什么基督教不能与恩格尔哈特的和平和平相处?》一文中为恩格尔哈特的著作提供了一个神学的评价，他承认恩格尔哈特的计划与其自己在基督教神学伦理学方面的著作之间的相似性，但在本篇论文中，Stanley Hauerwas 想要识别出重要的差异。2. Haavi Morreim 在《医学的垄断：从信任的破裂到信任》一文中指出，很多年来，医学行业充当了关于医学用品和服务的一种实质的垄断，这种垄断产生了不断上升的通货膨胀和针对病人及从业人员的自主性方面的不恰当限制；通过重塑医学中的权威，我们的社会能够提升医生和患者的信任。3. Mary Ann Gardell Cutter 在《恩格尔哈特的疾病分析：对女性主义临床认识论的推断》一文中认可恩格尔哈特有关医学和疾病的建构主义分析。4. Richard M. Owsley 求助于恩格尔哈特的患病现象学叙述来解释 Thomas Mann 的小说《魔术山》。5. John C. Moskop 在《人，财产或者两者皆是？恩格尔哈特论孩子的道德地位》一文中考察了恩格尔哈特关于小孩子的道德地位的两种相反观点。6. Margaret Monahan Hogan 在《祁斯·恩格尔哈特和心中的女王：先宣判后裁决》一文中考察和拒绝了恩格尔哈特的观点，即胎儿不是人并缺乏生存的基本道德权利。7. Brendan P. Minogue 在《恩格尔哈特、历史相对论和极简主义的悖论》一文中论证，《生命伦理学基础》第一版和第二版的不同暗示着黑格尔对恩格尔哈特的影响超过了康德对恩格尔哈特的影响。8. Faith L. Lagay 在《俗世？是；人文主义？非：细究恩格尔哈特的俗世人文主义生命伦理学》一文中论证，恩格尔哈特试图承认他的生命伦理学属于人文主义的传统，我们应该拒绝这种托词；Lagay 认真对待恩格尔哈特的不是《生命伦理学基础》，而是《生命伦理学和世俗人文主义：共同道德的探究》。

② 李一平：《关于道德的多元化——就〈生命伦理学基础〉与恩格尔哈特的对话》，《医学与哲学》1997 年第 8 期，第 429 页。

③ 此书自 1979 年出版后，现已修订 5 版（1983、1989、1994、2001、2009），被誉为西方生命伦理学的标准教科书。

④ Tom L. Beauchamp and James F. Childress, *Principles of Biomedical Ethics*. Oxfond University Press, 2001, p12.

的基础有多牢固”。比彻姆的批评大致包括以下三点：第一，他认为恩格尔哈特的《生命伦理学基础》没有提供基础。第二，恩格尔哈特将行善原则置于允许原则之下，这种观点过分缩减了道德形象。第三，恩格尔哈特学说所提供的规范内容太弱，不足以指导公共政策的制定。[①] 针对比彻姆的批评，恩格尔哈特均做出了回应。

以上这些研究，有助于我们批判地审视恩格尔哈特《生命伦理学基础》中的不足或局限。

关于恩格尔哈特生命伦理学思想的最新研究 *At the Foundations of Bioethics and Biopolitics*：*Critical Essays on the Thought of H. Tristram Engelhardt*，*Jr.*，2015 年由 Springer International Publishing 出版。因未能获得此书，故未能增添这本书对恩格尔哈特的评论。但遗憾之余，可以看出恩格尔哈特的生命伦理学依旧是人们关注的一个热点。

三、国内研究现状

我国自 20 世纪 80 年代开始关注生命伦理学和医学伦理学问题。目前，国内对生命伦理学和医学伦理学的研究尚处于起步阶段，对于西方的生命伦理学和医学伦理学以介绍为主。国内学界对恩格尔哈特的关注源于他对中国生命伦理学和医学伦理学的热情。早在 1979 年，恩格尔哈特就作为肯尼迪伦理学研究所学术访华团的成员首次访问中国。据说该团是 1949 年以来第一个访问内地的美国人文学术代表团。1992 年二度访华期间，他在北京、西安、杭州和上海做了一系列学术讲座，给中国听众留下了很深的印象。他同时兼任协和医科大学、浙江医科大学的荣誉教授。[②] 此后，应上海市医学伦理学会邀请，作为美国《医学与哲学》杂志主编、当代著名生命伦理学家的恩格尔哈特博士由范瑞平博士陪同，于 1999 年 5 月 30 日至 6 月 3 日访问上海，进行了广泛的学术交流。[③] 据笔者所了解的信息，近年来，恩格尔哈特教授与中国医学伦理学界交往密切，他非常关注中国的生命伦理学和医学伦理学问题以

① 参见李一平：《关于道德的多元化——就〈生命伦理学基础〉与恩格尔哈特的对话》，《医学与哲学》1997 年第 8 期，第 429、430 页。

② 参见〔美〕恩格尔哈特：《生命伦理学基础》，范瑞平译，北京大学出版社 2006 年版，译者前言注释〔3〕。

③ 参见沈铭贤：《著名生命伦理学家恩格尔哈特访沪》，《医学与哲学》1999 年第 8 期，第 64 页。

及医疗卫生体制改革。现在，他也是山东大学医学院医学伦理学系的客座教授。

恩格尔哈特的《生命伦理学基础》中文第一版 1996 年由湖南科技出版社出版，中文第二版 2006 年由北京大学出版社出版。他的《生命伦理学和世俗人文主义》中文版 1998 年由陕西人民出版社出版。国内的《医学和哲学》和《中国医学伦理学》等期刊翻译了他的部分学术论文。①

据查，中国学位论文数据库中，有 6 篇学位论文直接涉及恩格尔哈特的允许原则。

邓艳平在其硕士论文《当代美国生命伦理学中原则之争述评》（湖南师范大学，2003）的第二章阐述了“恩格尔哈特的允许原则说”，并在第三章阐述了比彻姆和邱卓思与恩格尔哈特之间关于原则的争论。李斌玉在其博士论文《生命伦理学的元伦理分析》（吉林大学，2005）的第三章第二部分阐述了恩格尔哈特的行善原则和允许原则。刘剑在其硕士论文《现代医学伦理原则的探析与构建》（华东师范大学，2006）的第一章第四部分阐述了“恩格尔哈特的二原则说”。刘月树在其硕士论文《关于解决生命伦理难题的基本模式的研究》（天津医科大学，2007）的第四章第二部分“形式善”中阐述了允许和不伤害。后三篇学位论文对恩格尔哈特允许原则的论述以介绍为主。邓艳平关于恩格尔哈特允许原则的论述有一些重要的论证，为笔者理解恩格尔哈特的相关思想奠定了一定基础。笔者在博士论文《允许作为一种程序原则是否可行？——恩格尔哈特生命伦理思想研究》（山东大学，2012）是本书的主要框架，在此不再赘述。陈雯霆的硕士论文《允许原则——恩格尔哈特生命伦理思想研究》（湖北大学，2012）未能成功下载，故不能评价其贡献。此外，与美国生命伦理学相关的是土丽艳的硕士论文《中美生命伦理学的比较研究》（第四军医大学，2002），其论文帮助笔者加深了对中美生命伦理学形成的历史文化背景和理论来源的理解。

---

① 参见〔美〕恩格尔哈特：《生命伦理学和世俗人道主义》，李学钧等译，系列译文自 1995 年始相继在《中国医学伦理学》刊出。恩格尔哈特：《道德冲突世界中的生命伦理学：基本争论及干细胞辩论的要点》，赵明杰译，《医学与哲学》2002 年第 10 期。恩格尔哈特：《中国卫生保健政策：对北美和西欧失误的反思》，张殿增、刘聪译，《中国医学伦理学》2006 年第 1 期。恩格尔哈特：《全球生命伦理学：共识的瓦解》（上），郭玉宇等译，《医学与哲学》2008 年第 2 期、恩格尔哈特：《全球生命伦理学：共识的瓦解》（下），郭玉宇等译，《医学与哲学》2008 年第 3 期。恩格尔哈特：《平等之后：一些关于医疗保健筹资的批判性反思》，郑林娟译，《医学与哲学》2012 年第 3 期。

除了翻译成中文的学术专著、论文和国内有关允许原则的学位论文外，据查，中国知网中国期刊全文数据库（2000—2014）中，篇名以允许原则为检索词的文章共计8篇。分别是沈铭贤的《我是一个绝对主义者和普遍主义者——恩格尔哈特谈允许原则》，载《医学与哲学》2000年第1期；邓艳平的《道德异乡人何以共处——恩格尔哈特的允许原则述评》，载《医学与哲学》2008年第2期；张媛媛的《恩格尔哈特的允许原则与比彻姆等的尊重自主原则之述评》，载《中国医学伦理学》2011年第2期；郑林娟的《论恩格尔哈特的允许原则》，载《山东大学学报》2012年第3期；刘英的《生命伦理学的“四原则说”和“允许原则说”的比较研究》，载《湖北文理学院学报》2012年第9期；时统君的《谁允许，天知否？——恩格尔哈特俗世生命伦理学允许原则辨析》，载《医学与哲学》2013年第1期；王凌的《理性人、道德异乡人与道德乌托邦》，载《自然辩证法研究》2013年第8期；周麟的《H. T. 恩格尔哈特允许原则及启示——基于医患矛盾的对治》，载《湘潭大学学报》2014年第6期。

第一篇文章呈现了允许原则引发的一些争议和沈铭贤教授对这些争议的一点看法。第二篇文章分别从“允许原则的含义”、“赋予允许原则以首要地位的原因”和“对允许原则的评价”对允许原则进行了述评，但是邓艳平对允许原则“一些不尽人意的地方”的阐述存在严重的偏差，如她认为“恩氏的允许原则偏重于人的个体性，而忽略了人的社会性。它是一种单向的原则，难以付诸医学实践”，对此笔者不能认同。第三篇文章呈现了允许原则和尊重自主原则的冲突和相同之处，并反思了两个原则建立的基础和内涵。第四篇文章是笔者的拙作，探讨了允许原则产生的医患关系背景，允许原则的构成要件及其意义和评价。在本书的第三章和第四章会有部分重合之处。第五篇刘英的文章比较了“四原则说”和允许原则在相关方面的异同，以期通过这种反思推进我国的生命伦理学建构。第六篇时统君的文章分析了允许原则的建构依据（多元化道德境遇的客观存在和理性主义伦理思想的固有局限性）及其内涵，进而辨析了允许原则的利弊得失。时统君在个别表述上存在失误，如他将允许原则的道德箴言说成“己所不欲，勿施于人”，范瑞平教授在《生命伦理学基础》的中文译本中明确表述为“人所不欲，勿施于人”。虽然只是一字之差，却是天壤之别。另外，时统君的推论“允许流为道德异乡人的主观态度与判断能力后，道德异乡人可以对其他一切道德原则规范做出善恶规定”也误读了允许原则可能推出的结论。第七篇王凌的文章认为，现代哲学工程的失败是允许原则的理论起点，他在划分了道德朋友和道德异乡人之后论证了允许原则比行善原则更为基本，并描绘了允许原则指导下的道德乌托邦。最后，周麟认为，允许原则是解决患者自主和医生家长主义矛盾的路径之一，并揭示了实现允许原则应该具备的四个条件，与笔者文章的内容有共识之处，最终得出尊重患者的意见是解决医患矛盾的重要路径。

截至 2016 年，中国知网中国期刊全文数据库中，篇名以“生命伦理学基础”为检索词的文章共计 4 篇。分别是李一平的《关于道德的多元化——就〈生命伦理学基础〉与恩格尔哈特的对话》，载《医学与哲学》1997 年第 8 期；艾川的《它山之石，可以为错——〈生命伦理学基础〉一书的启发》，载《医学与哲学》1996 年第 8 期；聂精葆的《医学伦理之魂：反思和探求医学道德的根基——恩格尔哈特〈生命伦理学的基础〉对中国的意义》，载《中国医学伦理学》1996 年第 6 期；聂精葆的《反思和探求医学道德的根基——恩格尔哈特〈生命伦理学的基础〉对中国的意义》，载《中国医学伦理学》1996 年第 5 期。4 篇文章的研究内容如下：李一平主要介绍了 1996 年美国哲学联合会的东部年会（亚特兰大，12 月）中一个关于恩格尔哈特《生命伦理学基础》的专题讨论会。他列举了三位学者对恩格尔哈特思想的评论、批评和质疑，以及恩格尔哈特对各位学者的回应。在《生命伦理学基础》中文第一版即将出版之际，艾川本着学习和借鉴的立场，概述了《生命伦理学基础》中所涉及的中国当前讨论的三个问题，即医学目的、医疗资源的分配和医学伦理学的理论，希望《生命伦理学基础》能对中国医学理论和医疗实践有所启发。同样借《生命伦理学基础》中文第一版即将出版之际，聂精葆概述了此书的基本内容，并认为此书对中国的医学伦理学有着多方面的借鉴意义，其中最重要的启迪之一在于恩格尔哈特雄辩地表明，对医疗卫生道德根基的哲学反思、质疑和探求构成了医学伦理学的灵魂，生命伦理学远远不止是一门应用伦理学。以上三位学者的论文，对理解恩格尔哈特的生命伦理思想引发的争议对中国医学伦理理论和医疗实践的影响具有重要的参考价值。

关于恩格尔哈特俗世生命伦理学的研究有两篇论文。第一篇是郭玉宇的《恩格尔哈特俗世生命伦理学思想之简评》，载《道德与文明》2010 年第 6 期。郭玉宇论证，恩格尔哈特开创性地提出了程序性的俗世生命伦理学，而且恩格尔哈特是一位自治论自由主义（又称为古典自由主义）的世界主义者、共同体主义者与绝对主义者，但恩格尔哈特提供给世人的是最小的伦理学。郭玉宇认识到，恩格尔哈特“与当代诸多学者既在学术上背道而驰，但有时又有相通之处”[①]。这篇文章强调了恩格尔哈特思想中蕴含的自治论自由主义、共同体和绝对主义倾向。它表明恩氏所信奉的古典自由主义不同于倾向平等的现代自由主义，恩氏不是一位虚无主义者并构建了形式化的生命伦理学共识。第二篇是郭玉宇撰写的《当代学者恩格尔哈特俗世生命伦理学的中国化解读》，载《医学与哲学》2011 年第 12 期。作者从中美文化背景之差异和人伦关系的历史理解之差异进行解读，在此基础上阐述了允许原则和恩氏俗世生命伦理学在中国应用中的有限性，并论证了恩氏思想对中国生命伦理学发展所具有的启示作用。在此基础上，郭玉宇完成了博士论文《恩格尔哈特俗世生命伦理学思想研究》（2011），其论文共分为四个部分进行阐述：第一部分主要研究形成恩格尔哈特俗世生命伦理学思想的影响因素。郭玉宇概括为四个方面：理性文化的传承，后现代主义思想的现状，宗教伦理思想尤其是东正教文化的影响，以及医学知识与医学人文精神的积淀。第二部分探讨了俗世生命伦理学的建构并重点研究了允许原则的理论基础和优先于行善原则的哲学基础，探讨了恩格尔哈特应用允许原则对生命伦理学某些专题的具体分析。第三部分评价和批判了恩格尔哈特的俗世生命伦理学思想，并将其与近当代学者进行比较；分析了恩格尔哈特的俗世生命伦理学思想对中国生命伦理学的重要启示。第四部分肯定了恩格尔哈特提供了一种新的伦理学方法。[②] 郭玉宇对恩格尔哈特俗世生命伦理学的研究为笔者研究的允许原则提供了较为丰富的材料，具有一定的开拓性。据笔者所查阅的文献，这是国内第一部关于恩格尔哈特的生命伦理思想的博士学位论文。

此外，在查阅恩格尔哈特相关文献的过程中，笔者发觉他有时用“同意”概念代替“允许”概念，而“同意”概念和患者的知情同意是密切相关的。据查，中国知网中国期刊全文数据库（1992—2016）中，篇名以“知情同意”为检索词的文章共计 1216 篇。2008 年，朱伟的专著《生命伦理中的知情同意》由复旦大学出版社出版，她在本书中试图分析知情同意原则所面临的困

① 郭玉宇、孙慕义：《恩格尔哈特俗世生命伦理学思想之简评》，《道德与文明》2010 年第 6 期，第 58 页。

② 2012 年 4 月之前尚未收集到郭玉宇博士论文的全文，中国知网还没有收录。此处所呈现的郭玉宇博士论文的四个部分，依据郭玉宇给笔者的回信整理而成。2014 年，郭玉宇的专著《道德异乡人的“最小伦理学”——恩格尔哈特的俗世生命伦理思想研究》出版。

境并系统考察和论证知情同意所存在的理论合理性和实践意义。从某种意义上说，恩格尔哈特的“允许”概念和患者的知情同意有异曲同工之处，即都是为了尊重患者的理性的、审慎的选择。

综上所述，虽然国内外学术界已经关注恩格尔哈特生命伦理学的允许原则，但仍然存在着很大的局限性。这主要表现在以下方面：第一，国内外学者关注恩格尔哈特的生命伦理学思想，但是对其允许原则没有给予足够的重视。恩氏思想的相关研究者分别从道德共同体、道德朋友、道德陌生人、恩氏的国家观、医学的垄断、医学和疾病的建构主义分析、孩子的道德地位、针对恩氏《生命伦理学基础》的批评、恩氏《生命伦理学基础》对中国的可能影响、俗世生命伦理学等不同的角度进行研究，但对《生命伦理学基础》的核心——允许原则的逻辑结构没有给予相对完备系统的阐述。第二，尽管有学者在研究中也涉及允许原则，但是对允许原则的阐述比较浅显、简单，甚至出现误读。这些有关允许原则的研究，大多数直接借鉴了恩氏《生命伦理学基础》中的观点。虽然个别学者针对允许原则进行了研究，但限于篇幅，没有详细地展开论证。甚至有的学者将恩氏的允许原则与自主原则等同，这在一定程度上歪曲了恩氏的本意。可见，针对恩氏允许原则的研究还停留在初级阶段，对允许原则全面、深入、系统的研究尚处于起步阶段。总之，尽管对恩氏《生命伦理学基础》的允许原则的研究还处在初期阶段，但是诸多学者对恩氏生命伦理学思想的研究已经呈现出不少富有意义的探究，为笔者理解允许原则奠定了重要的研究基础。

面对医学领域中的诸多生命伦理学问题，恩格尔哈特究竟如何阐发自己的立场，为什么提出了允许原则，如何理解恩格尔哈特的允许原则，恩格尔哈特的允许原则在现实医疗实践中究竟发挥多大的作用，他的允许原则在解决道德异乡人的道德争议时遇到哪些障碍，究竟应该如何克服这些障碍，允许原则是否可以应用到中国，这些将是本文需要继续探究的内容。

第三节　研究方法和本书的基本框架

一、研究方法

本书主要采用文献分析—理论研究法以及案例分析法对恩格尔哈特的生

命伦理学思想进行解读与研究。

1. 文献分析—理论研究法

本书研究收集了恩格尔哈特本人的5本学术专著、数十篇中外文学术论文。除此之外，还收集了一本专门解读恩格尔哈特的专著——《解读恩格尔哈特》，数十篇有关恩格尔哈特的学术论文和学位论文，以及众多有关美国生命伦理学和中国生命伦理学的文献资料及相关统计数据。通过对恩格尔哈特本人文献的分析、解读，把握恩格尔哈特的问题意识，梳理他的思想脉络；通过对此前的研究文献与资料的批判性借鉴，结合对恩格尔哈特文献的研究，形成自己分析、研究、批评恩格尔哈特的独特视角，并最终将恩格尔哈特的思想带入中国语境，检视其思想原则的中国效应，为恩格尔哈特的允许原则及其本土化的应用奠定研究基础。

2. 典型案例分析

根据文中研究的需要，选择国内外具有重大影响的医学伦理学经典案例，以案例分析形式实证地检测包括恩格尔哈特的允许原则在内的生命伦理学诸原则的利弊得失、有效使用的条件、合法正当应用的界限与范围等，并从中形成对它们的实践性批判，为补充、完善、提升包括恩格尔哈特的允许原则在内的生命伦理学诸原则的现实应用价值探寻理论路径。

二、本书的基本框架

本书的第一部分介绍美国生命伦理学产生的历史文化背景和恩格尔哈特的生命伦理学在美国生命伦理学发展历程中的独特地位。美国不仅是生命伦理学的发源地，而且其发展居于世界领先地位。笔者所研究的《生命伦理学基础》（允许原则是贯穿该书的核心概念）是美国学者恩格尔哈特的5部专著之一，社会争议和反响巨大。之所以有如此大的社会反响和争议，依据笔者在本书中的分析，主要是因为恩格尔哈特在美国生命伦理学界掀起了一场不大不小的变革——他的著作是美国生命伦理学发展中后现代转向的主要代表作，而他本人的思想也对后现代境况下的生命伦理学的未来发展产生了巨大而不可低估的影响。

本书的第二部分主要阐释恩格尔哈特的允许原则产生的历史—理论语境。任何一位思想家都不可能脱离自己身处的历史—理论语境而提出自己的问题并解决问题，思想家的思想总是对现实问题的回应。特别是像生命伦理学这

生命伦理学（Bioethics，也有学者将Bioethics译为生物伦理学）诞生于20世纪五六十年代①的美国，它是一个崭新的学术领域。1971年，美国威斯康星大学的生物学家和癌症研究者范·伦塞勒·波特（Van Rensselaer Potter）在《生命伦理学：通向未来的桥梁》一书中首次使用了“生命伦理学”一词。他认为，“生命伦理学是利用生物科学以改善人们生命质量的事业，同时有助于我们确定目标，更好地理解人和世界的本质，因此它是生存的科学，有助于人们对幸福和创造性的生命开出处方”②。此后，《应用伦理学百科全书》③、《生命伦理学百科全书》④ 和《西方哲学英汉对照辞典》⑤ 中皆对生命

---

① 参见邱仁宗：《21世纪生命伦理学展望》，《哲学研究》2000年第1期，第31页。参见邱仁宗：《生命伦理学：一门新学科》，《求是》2004年第3期，第42页。参见〔加〕许志伟：《生命伦理——对当代生命科技的道德评估》，朱晓红编，中国社会科学出版社2006年版，导言第1页。Albert R. Jonsen认为生命伦理学出现在二战之后，参见*The Birth of Bioethics*，Oxford University Press，1998。

② 杜治政：《关于生命伦理学——伦理学道德观念面临的挑战》，《医学与哲学》1986年第7期，第1页。

③ 从字义上看，生命伦理学是研究产生于生物学实践领域（包括医学、护理、兽医在内的其他卫生保健职业）中的伦理问题的学科。它的研究范围很广，除了生物科学研究中的伦理学，还包括环境伦理学（包括环境污染、人与动物以及自然界中其他部分之间的关系），性、生殖、遗传和人口中的伦理问题，以及各种社会政治道德问题，如失业、贫穷、歧视、犯罪、战争和迫害对人体健康的负面效应。医学伦理学和其他卫生保健伦理学是生命伦理学的重要成分，后者的领域更加宽广。

④ 它把医学伦理学与生命伦理学相比，认为医学伦理学是古老的学科，代表很窄的范围，只强调医生的道德义务和医患关系。虽然在现今这仍很重要，但已不足以囊括所有的问题。生命伦理学则是指生命科学中更广阔的道德领域，包括医学、生物学、环境中的重要方面、人口和社会科学等。医学伦理学作为一个部分包括在生命伦理学当中，与其他题目和问题共同构成生命伦理学。

⑤ 生命伦理学是应用伦理学的一个分支，研究从现代生物学、医学研究和保健实践中提出的有关生命的道德问题。这些问题包括稀少医疗资源的分配、病人自主的程度、医生和护士权威的范围、堕胎和安乐死、以人为主体的实验、遗传研究和它的应用、生育控制、体外受精、关于人的再生产的新医学技术、B超、代育的母亲身份、器官捐献等。随着研究的进展，新的问题还会被提出。许多讨论围绕着诸如“自主性”“平等”“仁慈”“正义”“责任”等关键性的概念。生命伦理学一般被看做是“医学伦理学”和“保健伦理学”的同义词，尽管它包括的问题超过了与医学相关的问题。在《西方哲学英汉对照辞典》中，Bioethics和Biomedical ethics所指称的内容是一致的。

样的实践性学科，更不能产生于社会历史与文化的真空中。根据笔者的分析考察，恩格尔哈特生命伦理学的允许原则产生的历史—理论语境有三：第一是当今美国社会文化所处的后现代状况和道德多元化的现状。第二是理性有限性观点以及由此造成的启蒙运动的道德工程（即用人类理性来发现和辩护一种客观的、普遍有效的道德观）的垮塌。第三是古典自由主义的影响。根据笔者的分析，恩格尔哈特并不认可作为价值的自由。在他的论证中，自由只是一个先验的条件。

本书的第三部分从生命伦理学的理论内部具体考察恩格尔哈特允许原则提出的理论基础，即恩格尔哈特对医患关系的重新解释与建构。这一部分考察恩格尔哈特对医学和疾病的客观性批判，在此基础上考察医生家长主义具有合理性的前提条件和限度。基于以上分析，在此部分的最后一节论述恩格尔哈特如何提出他的允许原则。

本书的第四部分主要论述恩格尔哈特的允许原则。首先，论证允许原则所应具备的三个要件及其优先性。为更准确地理解允许原则，避免个人主义的倾向，我们需要重点梳理恩格尔哈特的“三个重要”概念：人、道德共同体、自由的和知情的同意。此后，分析了允许原则与行善原则、正义原则的关系，并在此基础上论证允许原则的意义。允许原则主要的目的是告诉人们，人应该接受两个层面的伦理生活。最后，阐述不同学者对允许原则的评价和笔者对其论证的评价。

本书的第五部分考察中国医疗实践下的允许原则。我们应该如何对待西方的生命伦理学？考察允许原则的核心，即自由的、知情的同意（我们通常称为知情同意）对医患关系的影响和我国的知情同意建设。在此基础上，探讨了允许原则对我国的可能影响。

·允许作为一种程序原则是否可行·
——恩格尔哈特生命伦理思想研究

伦理学做出了界定。邱仁宗教授认为：“生命伦理学的生命主要指人类生命，但有时也涉及动物生命和植物生命以至生态，而伦理学是对人类行为的规范性研究，因此，可以将生命伦理学界定为运用伦理学的理论和方法，在跨学科跨文化的情境中，对生命科学和医疗保健的伦理学方面，包括决定、行动、政策、法律，进行的系统研究。”① 纵观以上对生命伦理学的界定，其中共同的含义可以概括为，“生命伦理学是伴随着生物医疗技术的发展而兴起的‘以问题为取向，其目的是如何更好地解决生命科学或医疗保健中提出的伦理问题’的应用型学科。也就是说，当代生命伦理学强调实践，服务现实，侧重‘事’的解决，而非‘人’的修养”②。

恩格尔哈特没有给出明确的生命伦理学定义，他只是提出“西方的生命伦理学是西方人在20世纪70年代初应对自己面临的保健政策挑战的过程中开始形成的。他们把自己的医学伦理反思归结在‘生命伦理学’这一名称之下。”③ 可见，恩格尔哈特《生命伦理学基础》中的生命伦理学主要关注医学领域中存在的挑战；涉及的对象主要是人和人类，而非 Bioethics 字面意思所泛指的所有的生命。明确了恩格尔哈特的生命伦理学要义之后，接下来，我们将考察生命伦理学为什么会首先诞生在美国；生命伦理学面临的主要困境是什么；与其他学者不同，恩格尔哈特如何解决这种困境。带着这些疑惑，我们将考察美国生命伦理学的兴起、发展和困境，恩格尔哈特针对生命伦理学的思考以及他对生命伦理学的贡献。

第一节　生命伦理学的兴起、发展和理论探索

对于生命伦理学之所以诞生在美国的原因，邱仁宗教授总结了三点：第一，生命伦理学的产生与技术的迅速发展有关。第二，生命伦理学的产生与价值危机、社会多元化有关。第三，生命伦理学的产生与权利意识的扩展有关。同时，邱教授还强调，过去几十年来，生命伦理学是在社会上不存在一种强加的正统的条件下发展的。只有社会上不存在一种强加的正统时，作为

① 邱仁宗：《生命伦理学：一门新学科》，《求是》2004 年第 3 期，第 42 页。

② 张舜清：《儒家生命伦理学何以可能》，《道德与文明》2008 年第 4 期，第 52 页。

③〔美〕恩格尔哈特：《生命伦理学基础》，范瑞平译，北京大学出版社 2006 年版，中文版序第Ⅴ页。

命伦理学思想进行解读与研究。

1. 文献分析—理论研究法

本书研究收集了恩格尔哈特本人的5本学术专著、数十篇中外文学术论文。除此之外，还收集了一本专门解读恩格尔哈特的专著——《解读恩格尔哈特》，数十篇有关恩格尔哈特的学术论文和学位论文，以及众多有关美国生命伦理学和中国生命伦理学的文献资料及相关统计数据。通过对恩格尔哈特本人文献的分析、解读，把握恩格尔哈特的问题意识，梳理他的思想脉络；通过对此前的研究文献与资料的批判性借鉴，结合对恩格尔哈特文献的研究，形成自己分析、研究、批评恩格尔哈特的独特视角，并最终将恩格尔哈特的思想带入中国语境，检视其思想原则的中国效应，为恩格尔哈特的允许原则及其本土化的应用奠定研究基础。

2. 典型案例分析

根据文中研究的需要，选择国内外具有重大影响的医学伦理学经典案例，以案例分析形式实证地检测包括恩格尔哈特的允许原则在内的生命伦理学诸原则的利弊得失、有效使用的条件、合法正当应用的界限与范围等，并从中形成对它们的实践性批判，为补充、完善、提升包括恩格尔哈特的允许原则在内的生命伦理学诸原则的现实应用价值探寻理论路径。

二、本书的基本框架

本书的第一部分介绍美国生命伦理学产生的历史文化背景和恩格尔哈特的生命伦理学在美国生命伦理学发展历程中的独特地位。美国不仅是生命伦理学的发源地，而且其发展居于世界领先地位。笔者所研究的《生命伦理学基础》（允许原则是贯穿该书的核心概念）是美国学者恩格尔哈特的5部专著之一，社会争议和反响巨大。之所以有如此大的社会反响和争议，依据笔者在本书中的分析，主要是因为恩格尔哈特在美国生命伦理学界掀起了一场不大不小的变革——他的著作是美国生命伦理学发展中后现代转向的主要代表作，而他本人的思想也对后现代境况下的生命伦理学的未来发展产生了巨大而不可低估的影响。

本书的第二部分主要阐释恩格尔哈特的允许原则产生的历史—理论语境。任何一位思想家都不可能脱离自己身处的历史—理论语境而提出自己的问题并解决问题，思想家的思想总是对现实问题的回应。特别是像生命伦理学这样的实践性学科，更不能产生于社会历史与文化的真空中。根据笔者的分析考察，恩格尔哈特生命伦理学的允许原则产生的历史—理论语境有三：第一是当今美国社会文化所处的后现代状况和道德多元化的现状。第二是理性有限性观点以及由此造成的启蒙运动的道德工程（即用人类理性来发现和辩护一种客观的、普遍有效的道德观）的垮塌。第三是古典自由主义的影响。根据笔者的分析，恩格尔哈特并不认可作为价值的自由。在他的论证中，自由只是一个先验的条件。

本书的第三部分从生命伦理学的理论内部具体考察恩格尔哈特允许原则提出的理论基础，即恩格尔哈特对医患关系的重新解释与建构。这一部分考察恩格尔哈特对医学和疾病的客观性批判，在此基础上考察医生家长主义具有合理性的前提条件和限度。基于以上分析，在此部分的最后一节论述恩格尔哈特如何提出他的允许原则。

本书的第四部分主要论述恩格尔哈特的允许原则。首先，论证允许原则所应具备的三个要件及其优先性。为更准确地理解允许原则，避免个人主义的倾向，我们需要重点梳理恩格尔哈特的“三个重要”概念：人、道德共同体、自由的和知情的同意。此后，分析了允许原则与行善原则、正义原则的关系，并在此基础上论证允许原则的意义。允许原则主要的目的是告诉人们，人应该接受两个层面的伦理生活。最后，阐述不同学者对允许原则的评价和笔者对其论证的评价。

本书的第五部分考察中国医疗实践下的允许原则。我们应该如何对待西方的生命伦理学？考察允许原则的核心，即自由的、知情的同意（我们通常称为知情同意）对医患关系的影响和我国的知情同意建设。在此基础上，探讨了允许原则对我国的可能影响。

第一章　恩格尔哈特与生命伦理学的研究转向

生命伦理学（Bioethics，也有学者将 Bioethics 译为生物伦理学）诞生于20 世纪五六十年代[①]的美国，它是一个崭新的学术领域。1971 年，美国威斯康星大学的生物学家和癌症研究者范·伦塞勒·波特（Van Rensselaer Potter）在《生命伦理学：通向未来的桥梁》一书中首次使用了“生命伦理学”一词。他认为，“生命伦理学是利用生物科学以改善人们生命质量的事业，同时有助于我们确定目标，更好地理解人和世界的本质，因此它是生存的科学，有助于人们对幸福和创造性的生命开出处方”[②]。此后，《应用伦理学百科全书》[③]、《生命伦理学百科全书》[④] 和《西方哲学英汉对照辞典》[⑤] 中皆对生命

---

① 参见邱仁宗：《21 世纪生命伦理学展望》，《哲学研究》2000 年第 1 期，第 31 页。参见邱仁宗：《生命伦理学：一门新学科》，《求是》2004 年第 3 期，第 42 页。参见〔加〕许志伟：《生命伦理——对当代生命科技的道德评估》，朱晓红编，中国社会科学出版社 2006 年版，导言第 1 页。Albert R. Jonsen 认为生命伦理学出现在二战之后，参见 *The Birth of Bioethics*，Oxford University Press，1998。

② 杜治政：《关于生命伦理学——伦理学道德观念面临的挑战》，《医学与哲学》1986 年第 7 期，第 1 页。

③ 从字义上看，生命伦理学是研究产生于生物学实践领域（包括医学、护理、兽医在内的其他卫生保健职业）中的伦理问题的学科。它的研究范围很广，除了生物科学研究中的伦理学，还包括环境伦理学（包括环境污染、人与动物以及自然界中其他部分之间的关系），性、生殖、遗传和人口中的伦理问题，以及各种社会政治道德问题，如失业、贫穷、歧视、犯罪、战争和迫害对人体健康的负面效应。医学伦理学和其他卫生保健伦理学是生命伦理学的重要成分，后者的领域更加宽广。

④ 它把医学伦理学与生命伦理学相比，认为医学伦理学是古老的学科，代表很窄的范围，只强调医生的道德义务和医患关系。虽然在现今这仍很重要，但已不足以囊括所有的问题。生命伦理学则是指生命科学中更广阔的道德领域，包括医学、生物学、环境中的重要方面、人口和社会科学等。医学伦理学作为一个部分包括在生命伦理学当中，与其他题目和问题共同构成生命伦理学。

⑤ 生命伦理学是应用伦理学的一个分支，研究从现代生物学、医学研究和保健实践中提出的有关生命的道德问题。这些问题包括稀少医疗资源的分配、病人自主的程度、医生和护士权威的范围、堕胎和安乐死、以人为主体的实验、遗传研究和它的应用、生育控制、体外受精、关于人的再生产的新医学技术、B 超、代育的母亲身份、器官捐献等。随着研究的进展，新的问题还会被提出。许多讨论围绕着诸如“自主性”“平等”“仁慈”“正义”“责任”等关键性的概念。生命伦理学一般被看做是“医学伦理学”和“保健伦理学”的同义词，尽管它包括的问题超过了与医学相关的问题。在《西方哲学英汉对照辞典》中，Bioethics 和 Biomedical ethics 所指称的内容是一致的。

伦理学做出了界定。邱仁宗教授认为："生命伦理学的生命主要指人类生命，但有时也涉及动物生命和植物生命以至生态，而伦理学是对人类行为的规范性研究，因此，可以将生命伦理学界定为运用伦理学的理论和方法，在跨学科跨文化的情境中，对生命科学和医疗保健的伦理学方面，包括决定、行动、政策、法律，进行的系统研究。"① 纵观以上对生命伦理学的界定，其中共同的含义可以概括为，"生命伦理学是伴随着生物医疗技术的发展而兴起的'以问题为取向，其目的是如何更好地解决生命科学或医疗保健中提出的伦理问题'的应用型学科。也就是说，当代生命伦理学强调实践，服务现实，侧重'事'的解决，而非'人'的修养"②。

恩格尔哈特没有给出明确的生命伦理学定义，他只是提出"西方的生命伦理学是西方人在20世纪70年代初应对自己面临的保健政策挑战的过程中开始形成的。他们把自己的医学伦理反思归结在'生命伦理学'这一名称之下。"③ 可见，恩格尔哈特《生命伦理学基础》中的生命伦理学主要关注医学领域中存在的挑战；涉及的对象主要是人和人类，而非Bioethics字面意思所泛指的所有的生命。明确了恩格尔哈特的生命伦理学要义之后，接下来，我们将考察生命伦理学为什么会首先诞生在美国；生命伦理学面临的主要困境是什么；与其他学者不同，恩格尔哈特如何解决这种困境。带着这些疑惑，我们将考察美国生命伦理学的兴起、发展和困境，恩格尔哈特针对生命伦理学的思考以及他对生命伦理学的贡献。

第一节　生命伦理学的兴起、发展和理论探索

对于生命伦理学之所以诞生在美国的原因，邱仁宗教授总结了三点：第一，生命伦理学的产生与技术的迅速发展有关。第二，生命伦理学的产生与价值危机、社会多元化有关。第三，生命伦理学的产生与权利意识的扩展有关。同时，邱教授还强调，过去几十年来，生命伦理学是在社会上不存在一种强加的正统的条件下发展的。只有社会上不存在一种强加的正统时，作为

① 邱仁宗：《生命伦理学：一门新学科》，《求是》2004年第3期，第42页。

② 张舜清：《儒家生命伦理学何以可能》，《道德与文明》2008年第4期，第52页。

③〔美〕恩格尔哈特：《生命伦理学基础》，范瑞平译，北京大学出版社2006年版，中文版序第Ⅴ页。

一种理性事业的生命伦理学才能得到发展。[①] 与邱仁宗教授的观点相近，许志伟教授认为，“在科学创造出人类对抗癌症、痛苦、死亡的新能力的同时，文化上的发展亦提供了人类生存的新方式。新的科技带给了人类征服自然的可能性，新的文化意识也把人从旧的传统中释放出来，从而使人有更大的自由去掌握与控制自己的生命与终结。这两方面的发展，使美国人产生了一种新的雄心与盼望，但也孕育了一种傲慢的信念，即认为人类真的能彻底地超越自然限制。生命伦理学就是在科学与文化这两大洪流的冲击中产生出来的”[②]。以上两位学者的分析，在恩格尔哈特这里得到验证。他认为：“当代医学的惠泽和挑战影响着所有的人群和国家。通过医学和技术的进步，人们可以推迟死亡、避免痛苦和减轻残疾，没有一个国家未受到这种诱惑的影响。在过去的40年中，人们目睹了医学知识的爆炸和通过复杂的、也常常是昂贵的医学手段所获得的前所未有的新机会。……所有的社会都面对着该对高费用、但常常是低效益的保健手段投资多少和如何投资的问题。……许多世纪以来指导着医生们的医学伦理学，当应用到许多新的医学技术领域时，就显得不够用了。更重要的是，一度曾是构造单一的（homogeneous）社会，现在都必须承认一个以多种多样的道德直觉和道德理解为特征的世界。”[③] 总之，恩格尔哈特得出的结论是，技术的、经济的、道德的和社会的这些变化已经促成了当代生命伦理学领域的发展。

一、生命伦理学诞生的原因

毫无疑问，生命科学技术的飞速发展是一个首要的因素。随着二战以来基础科学的发展，20世纪六七十年代，医学科技出现了前所未有的进展。医学新技术的发展大大增强了医学专业人员的知识和力量，它们帮助人们实现了以前人们不能做的事情，这不仅大大延续了人类的生命，亦延续了死亡的过程。新的生命科学技术是否应该使用，应该如何使用，这类问题对人们的传统价值观念形成了挑战。

其具体表现如下：

---

① 参见邱仁宗：《生命伦理学的产生及其思想基础》，《医学与哲学》1989年第1期，第2页。

② 〔加〕许志伟：《生命伦理——对当代生命科技的道德评估》，朱晓红编，中国社会科学出版社2006年版，导言第1—2页。

③ 〔美〕恩格尔哈特：《生命伦理学基础》，范瑞平译，北京大学出版社2006年版，作者序言第Ⅸ页。

第一，器官移植和人造器官导致稀有卫生资源的分配出现难题。20 世纪 60 年代以后，人们广泛使用肾透析、器官移植，但在患者的选择上遇到难题。如最早开始于西雅图的人工肾中心，由于只有三台透析机而患者众多，决定谁可以接受治疗便成为伦理难题。当时成立了由非医务人员和医务人员组成的委员会，采用社会标准进行选择，这在社会上引起强烈反响。

第二，生命维持技术引发了对死亡标准和死亡权利的讨论。生命维持技术使得过去以呼吸和心跳停止作为死亡判断的标准遭遇了挑战。1976 年的 Karen Ann Quinlan 案件和 1990 年的 Nancy Cruzan 案件①是人们为了追求死亡的权利或尊严的死亡而进行的抗争。围绕着是否应继续延长她们的生命，其家人和医院展开了经年的诉讼，引起了社会公众的广泛关注。

第三，关于人工流产的争论。1973 年，美国高等法院判决 Roe V. Wade 一案时的指令是“人工流产的决定是属于一个妇女在基本宪法上拥有的隐私权”。所谓隐私权，是指人工流产是孕妇私人的决定。除她个人与进行手术的医生之外，第三者包括孕妇的丈夫，都无权干预。也就是说，高等法院认为，在妊娠的前 3 个月完全由母亲决定是否流产，在 3 个月后则应综合考虑。然而，在 1989 年 7 月里根总统在位时，美国高等法院在 Webster vs Reproductive Health Services 的判决中却又支持密苏里州政府的法案，不容许人工流产在接受联邦政府资助的公立医院及诊所进行。人们认为，1989 年的判决有违 1973 年判决的精神，漠视了妇女的权利，甚至有学者认为这判决无形中准许政府干扰甚至禁止人工流产。② 美国社会各阶层遂兴起了一场大辩论，甚至引发了多宗暴力事件。

此外，避孕药丸、产前诊断、辅助生殖、ICU 的广泛使用等问题亦引发了很多争议。可以说，医学科学技术的飞速发展所引发的诸多争议，已成为美国社会迫切需要解决的问题。正如美国《生活》杂志 1984 年 3 月刊出的一篇文章所说，其“已成为民族问题中的当务之急，这是在生和死、医学道德上，进退两难的最普遍的事例。它们每天苦恼着我们，以致时而在轻度痛苦的私事中，时而在象里根的报告以及公众的强烈要求中，都展开了一场恰当

---

① 两人因意外均成为植物人，前者依靠呼吸机、静脉点滴维持生命，后者依靠食管维持生命。尽管医院全力救治，但两人均没有恢复的可能，而且她们的身体状况日趋萎缩。死亡的过程因为新技术的应用而得以延长，人们担忧临终的痛苦会因死亡过程的延长而增加。

② 参见〔加〕许志伟：《面对科技，生命何以自处——论北美生命伦理学》，《复旦学报》1999 年第 2 期，第 74 页。

而有益的，对人类生存艰难选择的思考活动”①。在生物医学技术一路高歌猛进的同时，我们需要反思这一切制造生命或延续生命的所谓科学进步是否对人的尊严与价值造成破坏。由此可见，生物医学高科技的产生和发展对人们的传统价值观念构成了新的严峻挑战。从某种意义上说，生命伦理学的产生就是为了回应这种挑战。

生命伦理学产生的另一个重要因素是，社会文化运动引起人们对医疗中的伦理问题的关注。在许志伟看来，生命伦理学之所以萌芽于20世纪六七十年代的美国，主要的原因是“美国社会及宗教信仰正处在一个剧烈的动荡时期，人们都对传统社会价值（大都有宗教背景）起了很大的疑问，世俗主义成为社会风尚”②。就文化发展而言，由于学生和黑人推动的人权运动、主张妇女解放的女权运动、突出个体的个人主义运动不断高涨，又由于二战后的财富、人口流动等因素，美国的社会体制（家庭、学校、宗教机构）都出现重大变革，文化上的发展提供了人类生存的新方式。新科技带给人类征服自然的可能性，从而使人有更大的自由去掌握与控制自己的生命与终结。③

具体到医疗领域中，主要表现为以下三个方面：

第一，医生的权威遭到挑战和质疑。

1945年的纽伦堡审判彻底颠覆了医生以往受人尊敬的、绅士般的形象，人们开始对医生是否以病人的健康利益为出发点产生质疑。如果说，纳粹军医的暴行只是战争期间针对所谓劣等民族的特殊行为，那么美国国内针对黑人或弱势人群的欺骗性人体试验则进一步加剧了医生权威的倒塌。

塔斯基吉梅毒研究可能比其他任何某个事件更能引起非洲裔美国人对医生、治疗和整个医疗体系的怀疑和不信任。具有讽刺意味的是，1932年至1972年的塔斯基吉梅毒研究是一个有意改善南部农村的贫穷非洲裔美国人状况的项目的副产物。1930年，公共卫生署在阿拉巴马州的梅肯县开展了一个项目，旨在诊断和治疗10000个患有梅毒的非洲裔美国人。由于公共卫生服务部低估了根除梅毒所需要的成本，经济大萧条中期的时候，项目的资金已

① 杜治政：《关于生命伦理学——伦理学道德观念面临的挑战》，《医学与哲学》1986年第7期，第2页。

② 〔加〕许志伟：《生命伦理——对当代生命科技的道德评估》，朱晓红编，中国社会科学出版社2006年版，导言第13页。

③ 参见〔加〕许志伟：《生命伦理——对当代生命科技的道德评估》，朱晓红编，中国社会科学出版社2006年版，导言第1页。

经消耗殆尽，只有大约 1400 人受到了部分治疗。公共卫生服务部的泰勒艾欧·克拉克决意从梅肯县项目中挖掘一些东西。他认为，如果没有钱做进一步的治疗，公共卫生署至少可以以很少的成本做一个 6 个月的、不提供治疗的有关梅毒自然发展过程的研究。公共卫生服务部接受了克拉克的提议。在塔斯基吉研究所和黑人教堂及社区领导人的帮助下，男人被招募起来做研究对象。他们得到承诺，会得到免费的医疗检查、血液测试和药物。不幸的是，尽管提供的医疗服务是虚假的，但疾病却是实实在在地发展的。在 6 个月研究的末期，数据显示，未经治疗的黑人患者会像白人患者那样死去。这被看做是一个重要而且令人兴奋的发现，因为它驳斥了一个普遍的观点，即黑人患者比白人更能忍受梅毒，而且较少受到疾病的攻击。为了进一步研究以收集更多的资料，这项研究又招募了 600 个黑人男性，其中 399 个被诊断患有梅毒。20 世纪 40 年代中期，青霉素已经面世，它可以非常有效地抑制梅毒的螺旋菌，但是公共卫生署仍然不把这种药物使用在参试者身上。这项研究持续到 1972 年 7 月，由于美联社记者吉恩·海勒向全国公布了事件的真相而得以终止。[①] 除此之外，1963 年，纽约布鲁克林的犹太天主教医院在未得到病人知情同意的情况下将癌的活细胞注射到老年病人身上；1965 年至 1971 年，纽约的威洛布鲁克州立医院把肝炎疫苗注射到弱智儿童身上进行肝炎研究等。这些事件进一步恶化了医生在大众中的形象。

与此同时，人们开始反思医生是否还能继续代表患者的最大利益。正如有学者所言。“在后现代思潮的影响下，人们对医生的权威作用、医院的中心地位以及卫生保健制度和医疗服务体系也进行了反思，甚至对医生在医疗保健中的作用也提出了怀疑：医务人员究竟承担多少对病人的责任？在制药工业和医疗器械巨大利益的诱惑下，医务人员还会将病人的利益放在首位吗”[②]？恩格尔哈特对医生的权威也表现出了同样的担忧：“在 20 世纪 70 年代中期，由于医学的去职业化和美国社会的飞速世俗化造成了想当然的道德共同体的缺失，产生了一个道德真空。在 20 世纪 60 年代，医生充当着关于他们职业的适当行为的理所应当的道德权威，即源于病人生死决策的实践中发展而来的一个道德上的明智和权威。当医学被渐渐地看做为一种商业而不是一种社

① 参见〔美〕罗纳德·蒙森：《干预与反思：医学伦理学基本问题》（二），林侠译，首都师范大学出版社 2010 年版，第 383—387 页。

② 张大庆：《医学史十五讲》，北京大学出版社 2007 年版，第 246 页。

会所认可的行业时，再将医生的决定作为反映在一个专业的医学伦理学之上的道德洞见和判断就是缺乏说服力的。结果是，在20世纪70年代初，来源于医生一般道德术语辩解的内在道德洞见和要求似乎就是无理的。”①

第二，女性主义运动和女性的生育自由。

西方的女性主义运动始于19世纪40年代。当时，女性主义运动浪潮的政治目标是男女平等，争取妇女在政治、经济、法律等一切领域的合法权利。20世纪60年代以降，女性主义运动掀起第二次浪潮，而且深入到意识形态领域。第二代女性主义者对各个领域中的性别歧视提出挑战，试图以女性主义来补充、修正和重新构建西方文化。尽管她们并没有放弃男女平等的要求，但追求的不是以男人为标准的平等，而是一种体现了性别差异的平等。②

在女性主义理论中，涉及生命伦理学主题的有激进女性主义流派和社会主义女性主义流派。激进女性主义者率先对各种与性相关的社会问题进行深入分析，例如分析性骚扰、强暴、色情、流产、避孕以及异性恋等实践和法律，认为各种性暴力都来自异性恋的实践。因此，他们提出的妇女解放之路也颇为激进，强调推翻妇女压迫不能简单地通过改革政治和经济制度来完成，女性主义必须完全改变性别制度，如消除性别区分，建立阴阳同体的文化，采取性分离主义策略，拒绝异性恋，提倡女性同性恋，以及采取生物学技术使妇女摆脱生物因素的控制等。③ 社会主义女性主义的代表人物艾莉森·贾格尔（Alison Jaggar）提出“生育自由”的概念，强调妇女获得充分生育自由的前提是改变经济制度，使所有人都能得到流产、避孕、子女照顾以及维持家庭的足够手段。这需要废除与父权制相联系的强迫性异性恋以及义务性母亲，在现有的劳动力市场重新进行性别分工。④ 在20世纪60年代，流产已成为争论的重心。

第三，病人权利运动。

20世纪70年代，病人权利问题成了公民权利运动中一个备受关注的领域。1973年，美国医院联合会通过了《病人权利法案》（Patients Bill of Rights），共12条，旨在明确病人应有的权利并保证病人行使自己权利时有法

① H. Tristram Engelhardt. The Foundations of Bioethics: Rethinking the Meaning of Morality, *The Story of Bioethics*. Georgetown University Press, 2003, p93.

② 参见肖巍：《女性主义伦理学》，四川人民出版社2000年第1版，第7、8页。

③ 参见肖巍：《女性主义伦理学》，四川人民出版社2000年第1版，第12页。

④ 参见肖巍：《女性主义伦理学》，四川人民出版社2000年第1版，第15页。

可援。美国《病人权利法案》指出，当你是个病人，你有下列的权利：

1. 你有权利接受妥善而有尊严的治疗。

2. 你有权利要求自己或你的亲友能得到（以你所能理解的方式）有关自己的诊断、治疗方式及预后的情况。你也有权利知道为你治疗的人员的名字。

3. 你有权利在任何医疗开始前，了解并决定是否签写同意书（informed consent）。除了紧急处理外，一般同意书的内容应包括以浅显易懂的文句介绍医疗程序的本质、预期的危险性及益处、不同意时的后果、有无其他可选择的医疗方式且同意是你自愿的。

4. 你有权利拒绝治疗（refusal to treatment）。

5. 你有权利保持你的隐私（privacy）。

6. 你有权利使你的沟通及记录保持机密。

7. 你有权利要求医院在能力范围内对你所要求的服务做出合理的响应。而医院在紧急时，必须提供评估、服务及转诊。在情况允许时，转诊之前，你有权利得到你全部的病历资料及解释。

8. 你有权利获知医院之间的关系及治疗你的医疗人员的专业资料。

9. 你有权利被告知，你被进行人体试验或临床研究，且你有权利拒绝。

10. 你有权利要求合理的持续照顾（continuity of care）。

11. 你有权利知道你的账单，并检查内容或要求院方解释。

12. 你有权利知道医院的规则以及病人的行为规范。对于病人应有的权利，你可以主动争取而不被忽略。①

医疗领域中患者权利的高涨和医生权威的下降，似乎可以归结为美国的文化传统。美国《独立宣言》曾宣布人人生而平等，造物者赋予人们若干不可剥夺的权利，其中包括生命权、自由权和追求幸福的权利。美国宪法也保障个人自由及隐私不受侵犯，并认为这是每个公民的不可分割的权利，任何机构和个人都必须尊重，即便是美国政府，若没有正当理由和合法手续也无权剥夺。这种文化传统深入到美国社会的各个领域和层面，自然也延伸到医学领域。

除了以上诸种原因之外，美国政府在道德问题上的中立立场，也应该被视做生命伦理学能够在美国产生的一个不容忽视的因素。法国政治思想家托

① 参见“百度百科”之《病人权利法案》条目，网址为 http://baike. baidu. com/view/3043378. htm。

克维尔在其《论美国的民主》中论证了为什么可以严格地说美国是由人民统治的。由于美国是一个文化多元化的移民国家，立法者和执法者均由人民选举产生且受到人民的监督和制约，所以美国政府不可能在人民身上强加一种正统的道德观。政府至多扮演着各种文化的调和角色，并保持中立的立场。这就为生命伦理学的理性讨论创造了宽松的空间。由于这个因素对各种新思想、新学说、新观念等的发生起到普适性语境作用，只要我们清楚生命伦理学诞生在美国并与美国的独特政治现状密切相关就足以说明问题，此处就不加以详尽论述了。

二、生命伦理学的发展阶段和研究领域

首先，让我们考察一下生命伦理学的发展阶段。

美国威斯康星大学教授、国际生命伦理学学会主席丹尼尔·威克勒（Daniel Wikler）认为，生命伦理学已经历了三个发展阶段，第四个阶段正在诞生的过程中。第一阶段以某些专业行为准则的形成为标志。更确切地说，此阶段的生命伦理学应称为医学伦理学。这些专业行为准则有不允许做医学广告，禁止中伤诋毁同行医生，反对索要酬金或钱财等。第二阶段被琼森教授和他的历史学家同行们誉为生命伦理学的诞生阶段。在这个阶段里，医生的处境发生了根本性的变化，公众开始对古老的医学职业中的家长主义、讲真话等提出挑战。此阶段的生命伦理学家是病人权利的学术同盟，乐于重新讨论医患关系。第三阶段研究卫生保健政策和卫生经济的许多细节。诺尔曼·丹尼尔斯的《公正的卫生保健》一书是早期的代表作。世界上许多国家政府中的卫生官员都曾向生命伦理学家进行过咨询。克林顿的卫生改革委员会曾以该委员会是一个由著名的生命伦理学家组成的委员会而自豪。在第三次国际生命伦理学会会议上，有许多事实表明生命伦理学的第四阶段正在起步。我们可以称它为人口健康的生命伦理学。①

恩格尔哈特所探讨的生命伦理学主要集中在第二阶段和第三阶段。他重点探讨了医生的权威或家长主义，病人的自主，医生和患者对于医疗决策产生分歧时应该如何解决，卫生保健政策应该如何制定，卫生政策的权威来自何处等问题。

---

① 参见 Daniel Wikler：《第三次国际生命伦理学学术会议主题报告：生命伦理学和社会责任》，冯超、王延光译，《医学与哲学》1997 年第 10 期，第 546 页。

其次，让我们考察一下生命伦理学的研究领域。

生命伦理学是一个跨学科的研究领域。许志伟教授认为，生命伦理学渐渐发展成为由四个方面的研究领域组合而成的学科。

1. 临床生命伦理学——研究对象是个别医者与患者间共同面对的伦理问题：应该中止治疗吗？应该把真相告诉病人吗？它牵涉到临床医学的实践，故其成员主要是医生、护理人员、患者与患者家属。但近年来，亦有不少大型医疗中心设有临床伦理专业，受训者有医学及伦理学方面的专业人士。

2. 管制生命伦理学——研究范围是制定管制的律例与指引。20 世纪 70 年代哈佛大学制定的临床死亡定义是典型例子。此外，美国尤其注重对活人医学试验的严格指引。在北美，每一医院都有一套停止复苏的规范。近年来，如何妥善使用、分配有限资源成为这一类生命伦理学的最热门的研究课题。管制生命伦理牵涉到不同的层面，哲学、神学、医疗、政府法律界等人士都有参与之必要。

3. 理论生命伦理学——研究对象是生命伦理的理性基础。这个基础可分为哲学的、神学的、生命科学（如生物学，尤其是医学）的理性基础。这一领域的工作主要是由神学家及哲学家担任。

4. 文化生命伦理学——它们的任务是把生命伦理与整个社会的历史、文化及意识形态连接起来。生命伦理如何反映价值观、世界观与主流的文化？例如，北美生命伦理学强调患者的自主权（autonomy），明显反映出北美主流文化高扬个人主义的倾向。但在其他国家，如东欧及亚洲，社会的利益往往比个人重要，共同决策便成为解决伦理问题的主要进路。在某一文化中是伦理问题；在另一文化中，问题则根本不存在。在这个领域，社会学家、人类学家对生命伦理学会有所建树。①

邱仁宗教授是中国早期翻译和介绍国外生命伦理学的开拓者之一。可能受到卡拉汉 1995 年对生命伦理学的分类②的影响，他对生命伦理学的研究也划分了五个层面：

1. 理论层面：例如，后果论与道义论这两种最基本的伦理学理论在解决

---

① 参见〔加〕许志伟：《面对科技，生命何以自处——论北美生命伦理学》，《复旦学报》1999 年第 2 期，第 72 页。

② 一般参考国外的生命伦理学分类法，包括理论生命伦理学、临床伦理学、研究伦理学、政策和法制生命伦理学、文化生命伦理学等（Callahan，1995）。参见郭玉宇：《关于中国本土化生命伦理学发展路径之思考》，《医学与社会》2010 年第 12 期，第 66 页。

生命科学和医疗保健中的伦理问题时的相对优缺点如何，德性论、判例法和关怀论（尤其是女性主义关怀伦理学）的地位如何，伦理原则与伦理经验各起什么样的作用等。

2. 临床层面：各临床科室的医务人员每天都会面对临床工作提出的伦理问题，尤其是与生死有关的问题，例如人体器官移植、辅助生殖、避孕流产、产前诊断、遗传咨询、临终关怀等问题。

3. 研究层面：从事流行病学调查、临床药理试验、基因普查和分析、干预试验以及其他人体研究的科学家都会面临如何尊重和保护受试者及其亲属和相关群体的问题，同时也有如何适当保护试验动物的问题。

4. 政策层面：应该做什么以及应该如何做的问题不仅发生在个人层次，也会发生在结构层次。医疗卫生改革、高技术在生物医学中如何应用和管理都涉及政策、管理、法律问题，但其基础是对有关伦理问题的探讨。

5. 文化层面：任何个人、群体和社会都有一定的文化归属。文化影响哲学和伦理学，当然也会影响生命伦理学。如在某一文化环境中提出的伦理原则或规则是否适用于其他文化，是否存在普遍伦理学或全球生命伦理学，伦理学普遍主义或绝对主义以及伦理学相对主义是否能成立等。①

孙慕义教授将生命伦理学的学科体系分为原理、原论与原用三部分。其中，原理包括原生命伦理学、文化生命伦理学和生命神学；原论包括生命伦理学的学科诞生、形成与发展、基本体系、基本原则、研究对象、方法与学科价值、对现实问题的指导技术等；原用即应用生命伦理学，包括医务伦理学、生命存在与死亡伦理学、卫生经济伦理学、社会生命伦理学与自然环境和生态的伦理学。②

可见，许志伟教授和邱仁宗教授对生命伦理学的研究内容的论述基本雷同，且都非常全面。孙慕义教授的分类非常独特。就其内容而言，和前两位学者的阐述亦有很多重合之处。总之，生命伦理学主要涉及四个层面：临床、政策、理论、文化。四个层面紧密相连，层层递进，不可分割。临床中的具体问题依靠一定的标准来解决，这种标准主要源自政策的引导。而政策的制定需要相应的理论基础，而非主观的制定。在理论的背后，我们还应探究其

① 参见邱仁宗：《生命伦理学：一门新学科》，《求是》2004 年第 3 期，第 44 页。

② 参见孙慕义：《生命伦理学的知识场域与现象学问题》，《伦理学研究》2007 年第 1 期，第 48 页。

文化的根源。总之，用于指导临床决策的政策需要我们进行合理性的论证。

不同学者在探讨生命伦理学问题时侧重不同的层面。北京大学医学史教授张大庆认为，“恩格尔哈特则坚持生命伦理学的哲学性质，认为它是在文化与科学技术相互作用的基础上更好地理解人和人类的哲学，在文化与生物医学技术的相互适应中起着重要的作用，通过改变人们的一些基本概念而达到改变政策的作用，如脑死亡的定义，所以生命伦理学是文化自我理解和自我改造的中心要素”①。可以说，这位学者准确地把握了恩格尔哈特研究生命伦理学的视角。

三、生命伦理学的奠基：启蒙、现代性与普遍理性

20 世纪呈现给人们的是两次世界大战、科学技术的广泛应用、各种宗教和文化的碰撞、环境和生态的急剧变化。频繁出现在应用伦理学文献中的引起深刻争议的当代问题有动物的权利和福利问题、环境和生态问题、大规模杀伤性武器和军备竞赛问题、医学和生命伦理学问题，等等。医学和生命伦理学中的问题带有鲜明的宗教和文化特色，而且其中的很多问题具有很强的普遍性，是每个社会和群体都要面对的。在恩格尔哈特看来，医学技术的进步引发了道德关注、道德疑难和道德争端，因为许多世纪以来指导着医生们的医学伦理学，当应用到许多新的医学技术领域时，就显得不够用了。为了迎接这种挑战，“不仅在于需要制定适宜的保健政策，而且在于必须确立这些政策的道德基础”②。

生命伦理学的研究领域众多，恩格尔哈特明确了他所关注的问题：“生命伦理学的研究愈来愈深入和丰富，它重点探讨了保健资源的分配、新的医疗技术的道德适应性和面对多种多样的、经常相互冲突的道德直觉和道德理解时如何做出道德决策的问题。正是最后这个问题，而不是任何其他因素，更加突出地构成了当代生命伦理学的特征。”③ 换句话说，医疗新技术的出现所引发的广泛争论以及如何解决这些争论所导致的道德分歧是恩格尔哈特研究的主要问题。

① 张大庆：《医学史十五讲》，北京大学出版社 2007 年版，第 251 页。

② 〔美〕恩格尔哈特：《生命伦理学基础》，范瑞平译，北京大学出版社 2006 年版，中文版序第Ⅴ页。

③ 〔美〕恩格尔哈特：《生命伦理学基础》，范瑞平译，北京大学出版社 2006 年版，作者序言第Ⅹ页。

面对当代生命科技引发的种种生命伦理问题，人们迫切希望找到解决问题的方法。传统的基督教文化能解决这些问题吗？在西方社会，基督教文化是主流文化，深刻地影响着人们的生活，自然也影响着医学领域。可是，自19世纪60年代末期，这种道德研究传统崩溃了。第一个宣布“上帝死亡”的哲学家——黑格尔认为，就西方主体文化而言，上帝已经死亡。从道德的传统先验论的束缚中解脱具有至关重要的意义。尼采评价这个文化事件是“近来最伟大的事件——‘上帝已经死亡’，基督教上帝的信仰已变成了没有价值的信仰”①。

上帝在人类道德生活中的基础地位动摇之后，人类道德的支撑点又在何方？面对支离破碎的道德世界，诸多学者不再寄希望于神，而是着手从世俗的角度看待我们生活的世界。世俗人道主义（或人文主义）逐渐成为人们思考道德问题的出发点。“人道主义代表了一种道德哲学。美国道德文化运动的注意力就在这方面。人道主义者坚持认为，无需超自然的创造者或神的旨意，人的生活也是有意义的。……对人道主义者来说，伟大的挑战是依靠自身获取幸福生活，以自己的双手把握自身的命运。”② 恩格尔哈特也认识到，要想达成一种大家均能认可的、中立的、不带任何色彩的道德共识，从我们生活的共同现实世界出发不失为一个良策，如其所言：“随着具体的道德观设想的向心力的丧失，道德结构碎裂成为各种根本不同的道德观。但这里还有挽救的希望。世俗人文主义可以作为当代一个希望的核心认识，它能为道德上的陌生者提供一个共同的完整的道德框架。人文主义通过诉诸人性，希望去揭示这样一个道理，即男男女女们，仅从人这个角度便取得共识。”③

面对生命伦理学领域中的诸多分歧，人们将希望寄托在启蒙运动以来备受推崇的理性身上。正如有学者所言，从笛卡尔起，整个启蒙运动及其后继者把理性视为知识与社会进步的源泉，视为真理之所在和系统性知识之基础。人们深信理性有能力发现适当的理论与实践规范。依据这些规范，思想体系

---

① H. Tristram Engelhrdt：《道德冲突世界中的生命伦理学：基本争论及干细胞辩论的要点》，赵明杰译，《医学与哲学》2002年第10期，第3页。

② 〔美〕保罗·库尔茨：《保卫世俗人道主义》，余灵灵、杜丽燕、尹立、吴素玲译，东方出版社1996年版，第8页。

③ 〔美〕恩格尔哈特：《生命伦理学和世俗人文主义》，李学钧、喻琳译，陕西人民出版社1998年版，第6页。

和行动体系就会建立，社会就会得到重建。[①] 伴随着自然科学的突飞猛进，人们对理性的力量和科学进步始终抱乐观主义态度，将理性当做各种学说或权威的最终法官，并努力摆脱天主教教会对人类事务的控制。理性能建立一个客观的、普遍认可的道德观吗？换句话说，启蒙运动的道德工程能够成功吗？有学者指出，“大多数西方学者认为，启蒙运动的道德工程尚未获得成功，但也并未失败，因为它仍在继续之中，我们或许正在一步一步接近真理。但也有少数学者认为，这一工程已经彻底失败”[②]。对于理性能否建立一个客观的、普遍认可的道德观，会在第二章进行详细的论证，在此不再展开。

启蒙运动的道德工程在医学领域中的重要影响是，有学者创建了解决和探讨个别伦理难题的一组原则，即生命伦理学的“四原则说”。受益于《贝尔蒙报告》解决医学科研中伦理难题的启发以及临床实践中渴望解决道德分歧的普遍诉求，美国著名生命伦理学家比彻姆（Tom L. Beauchamp）和邱卓思（又译为查瑞斯，James F. Childress）在1979年出版了《生物医学伦理学原则》。[③] 该书的“四原则说”为挣扎在困惑中的人们提供了原则性的指导。生命伦理学的“四原则说”，是指尊重自主（respect for autonomy）、不伤害（nonmaleficence）、有利或行善（beneficence）和公正（justice）。四个原则源自四种伦理理论。[④] 为了汲取四种伦理理论的精华和避免它们各自的不足，比彻姆和邱卓思在具体境遇中采用解释（specification）和平衡（balancing）的方法将四原则用于伦理决策的指导，并运用罗尔斯所谓的反思平衡（reflective equilibrium）方法以达到各道德信念的融贯（coherence）一致。四个原则均不享有道德优先权，它们与其他道德要素一样要在具体的道德境遇下接受比较、修正与调整。由于“四原则说”在形式上的普适性和内容上的适度弹性，所以“无论人们生活在世界上的什么地方，具有什么样的社会状况，承继了什么样的文化传统、崇拜何种宗教、信仰哪个主义或坚持哪种意识形态，人们

---

① 参见〔美〕道格拉斯·凯尔纳、斯蒂文·贝斯特：《后现代理论：批判性的质疑》，张志斌译，中央编译出版社1999年版，第2—3页。转引自铁省林：《哈贝马斯宗教哲学思想研究》，山东大学博士论文，2008年，第198—199页。

② 〔美〕恩格尔哈特：《生命伦理学基础》，范瑞平译，北京大学出版社2006年版，译者前言第XVI页。

③ 《生物医学伦理学原则》，此书自1979年出版后，已修订5版（1983、1989、1994、2001、2009），被誉为西方生命伦理学的标准教科书。

④ 尊重自主源自康德，不伤害源自格特，行善源自密尔，公正源自罗尔斯。

都可以使用这几条原则来分析和解决生命伦理学问题”①。

有学者认为，“这些原则最大的作用在于它们客观地说明了病人的基本权益及站在他们的立场而言‘善’是什么”②。尽管也有学者讥笑这四个始于乔治城大学的伦理原则为“乔治城的咒语”③，但这四个原则至今仍是美国在生命伦理学领域中的主导原则。可以说，生命伦理学的“四原则说”是生命伦理学在现代性阶段发展的代表性成就。

第二节　恩格尔哈特：多元境遇、理性差异与生命伦理学的转折

根据上一节的分析，生命伦理学的“四原则说”是现代性的产物。然而，随着现代性进程的加剧，现代性的自身危机不断出现，如文化多元，理性有限，保持差异而反对整体主义，面向现象而拒斥本质主义和基础主义，追求主体间性而抛弃主体性，如此等等。后现代症候在当今这个时代集中爆发。生命伦理学的发展也毫无例外地受到后现代状况的影响，典型表现为现代性的生命伦理学原则。比彻姆和邱卓思意识到，“在某些情况下存在不可解决的分歧这一事实并没有破坏我们的期望：在大多数情况下，公共道德和道德传统的其他方面可以为我们提供充足的内容，从而使我们达成一致意见，或至少达成可接受的妥协”④。两位学者对四原则的作用过于乐观，从而忽视了一个细节，即在少数情况下如何面对不可解决的分歧。比彻姆和邱卓思在面对当代生命科技引发的难以解决的道德分歧时有些手足无措，“当道德分歧出现时，道德主体可以——常常也应该——为自己的决定进行辩护，但不应贬低或责难做出不同决定的人。当我们评价他人的行为时，认可合理的多样性（与需要批判的违反道德的行为不同）是极其重要的。一个人应当做的可能不

---

① 艾川：《它山之石，可以为错——〈生命伦理学基础〉一书的启发》，《医学与哲学》1996年第8期，第416页。

② 〔加〕许志伟：《生命伦理——对当代生命科技的道德评估》，朱晓红编，中国社会科学出版社2006年版，导言第9页。

③ 意思是说人们一成不变地、形式化地应用这些原则，就像法师们机械地念咒语一样。

④ 〔美〕汤姆·比彻姆、詹姆士·邱卓思：《生命医学伦理原则》，李伦等译，北京大学出版社2014年版，第22页。

是他人应当做的，即使他们面对同样的问题"①。可见，追求理性一元论的生命伦理学原则无法解决多元文化差异所造成的少数医学伦理冲突。恩格尔哈特作为思想敏锐的生命伦理学家准确地看到了这一点。他的生命伦理学探索的出发点就是后现代状况；其主旨就是在多元文化状况下，如何有效而合理地解决道德异乡人之间的伦理冲突。

一、生命伦理学的后现代转向——恩格尔哈特不得不接受的出发点

深刻的道德分歧充斥于生命伦理学和保健政策中，在美国表现得尤为明显。"在西方社会中，医生与病人之间的接触越来越具有这样的特征：他们对于什么是适当的道德行为不再共享同一种内容丰富的（content-rich）理解。"②恩格尔哈特之所以这样认为，是因为他接受了麦金太尔关于启蒙运动的道德工程的部分观点，即用人类理性来发现和辩护一种客观的、普遍有效的道德观，而这项工程已经彻底失败。例如，麦金太尔认为，"当代道德话语最显著的特征乃是它如此多地被用于表达分歧；而这些分歧在其中得以表达之各种争论的最显著的特征则在于其无休无止性。我的意思是说这类争论不仅没完没了（尽管它们的确如此），而且显然不可能得出任何结论。在我们的文化中似乎没有任何理性的方法可以确保我们在道德问题上意见一致"③。面对这种道德多元化的现状，由于争论各方立足于不可通约的道德前提或预设之上阐发各自的观点，加之美国政府在道德上的中立立场，不可能强加一种道德观，所以医患之间的道德争论似乎也是无休无止。

为了解决生命伦理学的这种困境，恩格尔哈特将道德分歧的双方进行了划分：一种情况是道德分歧的双方来自不同的道德共同体④，另一种情况是道德分歧的双方来自同一道德共同体。他赞同麦金太尔的分析，不同道德共同

① 〔美〕汤姆·比彻姆、詹姆士·邱卓思：《生命医学伦理原则》，李伦等译，北京大学出版社2014年版，第23页。

② 〔美〕恩格尔哈特：《生命伦理学基础》，范瑞平译，北京大学出版社2006年版，作者序言第X页。

③ 〔美〕A. 麦金太尔：《追寻美德：道德理论研究》，宋继杰译，译林出版社2003年版，第7页。

④ "道德共同体"是恩格尔哈特的一个重要概念。在他看来，道德共同体应具有完整的道德传统、道德实践和关于良好生活的理解，并包含着道德权威人士和行使道德权威的人士。其成员以道德朋友身份来相遇，共同持有充分的道德前提和有关证据与推理的规则，因而可以通过诉诸圆满的理性论证或共同认可的道德权威来解决道德争端。参见〔美〕恩格尔哈特：《生命伦理学基础》，范瑞平译，北京大学出版社2006年版，第117页。

体的人对很多医学和生命伦理问题无法形成一致的看法，即对来自不同道德共同体的道德异乡人（moral stranger）[①] 而言，由于双方的道德前提或道德基础不同，所以很难通过圆满的理性论证来解决道德分歧。另一种情况是，同一道德共同体内的道德朋友（moral friends）[②] 之间也可能存在分歧。由于他们拥有共同的道德前提或道德基础，所以可以通过圆满的理性论证或诉诸共同的道德权威来解决道德争端。

与对启蒙运动的道德工程的态度一样，恩格尔哈特深刻揭示了生命伦理学“四原则说”的局限性。首先，“四原则说”过分强调了其普适性，这种形式主义的表达方式导致“四原则说”对具体伦理问题的指导具有极大的不确定性。“当我们阅读原则主义者讨论原则的篇章时，看到作者在多种描述方式下，认为行善、自主或公正，乃是一组相干的道德考量，我们得不到行为的具体指令。”[③] 其次，需要克服四个原则可能产生的理解上的冲突。“四原则说”对伦理决策的指导是通过具体境遇下的解释、权衡、融贯来实现的，但在具体境遇下，对原则的解释和权衡却可能有着巨大的差异。如果医患双方共处在一个道德共同体内，由于人们享有足够的共同的充满内容的道德，人们对行善的理解拥有共同的道德前提，所以原则之间的冲突是可以化解的。可以说，“四原则说”适用于道德朋友之间。但是，在大多数情况下，由于文化信仰和生活方式的差异，医患双方经常以道德异乡人的身份相遇，“四原则说”能否普适就值得商榷了。例如，恩格尔哈特认为，“从字面上看人们似乎都可以使用这些原则，但人们用这些原则所表达的意思以及在一些具体情况

---

① “道德异乡人”也是恩氏首先使用的概念，用来指那些在不同领域里及在宗教上、道德上或哲学上持有不同具体观点的个人。作为道德上的陌生者相遇时，他们在某一行为的道德规范上持有不同观点，诸如在安乐死、代孕母亲身份或者在道义上以及保健等问题上持有不同观点；不具备共同的、内容完整的、能够容纳合理的、在道德上能够完全解决所争论问题的道德与哲学框架。参见〔美〕恩格尔哈特：《生命伦理学和世俗人文主义》，李学钧、喻琳译，陕西人民出版社 1998 年版，第 13 页。恩氏认为，道德异乡人来自不同的道德共同体，拥有不可通约的道德前提，但他过分强调了道德异乡人之间的异质性。事实上，不同的道德前提和道德预设也可能拥有道德共识，尽管各自论证的方式是不同的。

② “道德朋友”是恩氏首先使用的概念，用来指称这样一些人：他们享有足够的共同的充满内容的道德，因而可以通过圆满的道德论证或诉诸共同认可的道德权威（其裁制权不是由被裁判人的同意而得来的）来解决道德争端。参见〔美〕恩格尔哈特：《生命伦理学基础》，范瑞平译，北京大学出版社，第 13 页注释〔1〕。在恩氏看来，道德朋友来自一个道德共同体，拥有共同的道德前提。他过分强调了道德朋友的同质性。事实上，即使在一个道德共同体内，获得患者的允许也是必要的。

③ 〔美〕凯·丹尼尔·克卢瑟、伯纳德·格特：《对原则主义的批判》，《中外医学哲学》1999 年第 2 期，第 15 页。

下所做的排列次序，却由于承诺了不同的道德观和生活在不同的文化系统而大有不同。表面上统一的原则背后，隐藏着多元的、不同的道德理解和道德承诺。比彻姆和邱卓斯没有办法向我们证明只有他们对这几条原则的理解才是唯一正确的理解”[①]。可以说，面对道德异乡人关于行善的理解冲突，“四原则说”是无能为力的。

如果说，“四原则说”是依据现代性的立场所提出的原则层面的共识，那么恩格尔哈特的生命伦理学思想则是建立在后现代基础上的思考。恩格尔哈特在《生命伦理学基础》的导言中指出，认识到人们无法发现一种标准的、充满内容的俗世[②]道德，标志着后现代的哲学困境。他又进一步明确指出，“《生命伦理学基础》是一部后现代的著作”[③]。也就是说，恩格尔哈特不得不面对道德多元化的现状，即每一种道德传统都应得到同样的对待。尽管有的道德传统存在着极端的陋习，可是俗世的国家没有办法找到充足的理由来废止它。在恩格尔哈特看来，承认了多样性并不意味着多样性本身是件好事。只是因为理性的有限性才造成了我们不得不接受这样的现实。正如他在《生命伦理学基础》的中文版序中所言，“西方哲学几乎在两千年前即已认识到这种多元状况。公元3世纪的学院派哲学家阿古利巴（Agrippa）做了这样的概述：俗世的道德论证势必陷入相互无法通约的观点之中而不能得出确定的结论——它们不可避免地只能以假定为论据，或者陷入循环论证，或是导致无穷后退。认识到这一困境并不是要接纳道德多元化或形而上的怀疑论，而是要承认俗世道德认识论的有限性”[④]。

二、恩格尔哈特的思想旨趣及其贡献

众所周知，美国社会不是由一个单一的道德共同体构成的。在面对生与死的决策问题时，道德异乡人之间在很多时候存在道德分歧。恩格尔哈特的《生命伦理学基础》提供了“技术急速进步以及道德多元化”背景下对生命

---

① 艾川：《它山之石，可以为错——〈生命伦理学基础〉一书的启发》，《医学与哲学》1996年第8期，第416页。

② 在恩格尔哈特这里，“俗世”一词并不专指无神论的或反宗教的思想，而是指一种可以超越具体的宗教、传统或意识形态的学说。

③〔美〕恩格尔哈特：《生命伦理学基础》，范瑞平译，北京大学出版社2006年版，第3页。

④〔美〕恩格尔哈特：《生命伦理学基础》，范瑞平译，北京大学出版社2006年版，中文版序第Ⅵ、Ⅶ页。

伦理学的一种说明。确切来说，《生命伦理学基础》的主旨是，“探讨了在面对道德多样性（这终究是对所有社会的一个挑战）的情况下进行和平的道德合作的可能性。这里，伦理学和道德理论问题对于人们理解什么应该算作得到道德辩护的保健政策具有重要的意义。事实上，引起生命伦理学关注的道德争端揭示了道德理论的基本问题，而人们在制定任何保健政策时都必须探讨道德理论。不论西方生命伦理学所激起的关注显得多么陌生，但有一个信息是向所有的人传布的：在面对道德多样性的情况下，公共的俗世道德权威的根基必须得到重新思考”①。也就是说，他努力从俗世的视角为公共的道德权威寻求辩护，从而应对后现代的这种混乱和多样性。

恩格尔哈特批判地继承了麦金太尔的论断，正如范瑞平所言，“恩格尔哈特也论证启蒙运动的道德工程已经坍塌，但他的论述在两个方面不同于麦金太尔：一是他提供了不同的论证手段；二是他认为还可以从已经失败了的启蒙工程中挽回一点值得肯定的东西”②。

具体来说，恩格尔哈特是这样论证的：为了解决人们之间的道德分歧，我们需要确立一个道德标准。然而，如何确立一个道德标准却是个棘手的问题，正如约翰 · 穆勒所言：“行为对错的标准究竟是什么，这个问题虽然争议不断，却始终没有取得多少实质性的进展；就目前的人类知识状况来看，没有什么比这种情形更加出乎人的意料之外了，也没有什么比这种情形更加能够表明，我们对一些最重要问题的思考至今仍然是非常落后的。”③ 为了寻求一种合理的方式确定道德标准，恩格尔哈特考察了确立道德标准的各种道德说明，如直觉主义说明、判例法说明、后果论说明、假设选择论说明、理性的选择和商谈式说明、博弈论说明、自然法说明和基于中间原则的说明。在恩格尔哈特看来，“无论哪种说明，与其说是由理性来发现道德标准的手段，不如说是由理性来解说已经设定的道德标准的方式”④。理性所得出的具体的道德标准总是依据某种具体的道德感或者初始的基本预设，所以道德分歧的

---

① 〔美〕恩格尔哈特：《生命伦理学基础》，范瑞平译，北京大学出版社 2006 年版，作者序言第Ⅺ页。

② 〔美〕恩格尔哈特：《生命伦理学基础》，范瑞平译，北京大学出版社 2006 年版，译者前言第ⅩⅥ、ⅩⅦ页。

③ 〔英〕约翰 · 穆勒：《功利主义》，徐大建译，上海人民出版社 2008 年版，第 1 页。

④ 〔美〕恩格尔哈特：《生命伦理学基础》，范瑞平译，北京大学出版社 2006 年版，译者前言第ⅩⅦ页。

各方均能证明自己观点的合理性。因而，用理性来证明一种唯一正确的道德观的希望注定落空。

为了避免人们走向虚无主义的边缘，恩格尔哈特认为，人们只能通过加入一种具体的道德共同体，通过道德传统来得到人生的具体指导。问题是，由于地域的限制和个人生活环境中文化传统潜移默化的影响，人们不可能都选择加入一个道德共同体。如果使用强制手段让人们加入一个道德共同体，那么实际上就是取消了我们道德论证的必要性。唯一的出路就是通过协商来解决道德分歧。可能受益于康德定言命令的影响，恩格尔哈特确立了一种程序性或形式化的伦理学。这种伦理学的核心是一条允许原则，即涉及别人的行动必须得到别人的允许，不经别人允许就对别人采取行动是没有道德权威的。可以说，允许原则就是“从已经失败了的启蒙工程中挽回的一点值得肯定的东西”①。

综上所述，恩格尔哈特承认了生命伦理学的后现代状况。通过他的努力，生命伦理学注意到自身的现代性困厄，开始反省并力图从理论上解决后现代状况所必然导致的伦理难题。人们在现实的医疗实践中，通过理性的交往与合作，在道德共同体中不断拓展普遍性原则共识，解决一个又一个生命伦理难题的同时，也越发体会到在道德异乡人之间，恩格尔哈特的允许原则应当是多元文化境遇下解决伦理冲突的首选原则。

① 〔美〕恩格尔哈特:《生命伦理学基础》范瑞平译，北京大学出版社 2006 年版，译者前言第XVI、XVII页。

第二章　允许原则的历史—理论语境

目前频繁出现在生命伦理学领域中并引起深刻争议的问题有堕胎问题、胚胎和胎儿的道德地位问题、生命维持设备（呼吸机、心脏起搏器等）引发的问题、安乐死问题、器官移植问题、人类辅助生殖技术引发的问题、人体实验问题、人类基因组科研项目问题、动物的权利和福利问题等。毋庸置疑，这些问题引发的争议具有鲜明的宗教和文化特色，而且大部分问题具有很强的普遍性，是每个社会和群体都要面对的。面对纷繁复杂的生命伦理问题，呈现出“公说公有理，婆说婆有理”的混乱局面。可以说，这种局面是生命科学技术飞速发展和社会价值多元化的必然结果。如美国关于堕胎的争论，不仅是一个伦理问题，还是一个政治问题。

恩格尔哈特针对人们的生命伦理争议，独辟蹊径，论证了一种超越于不同道德传统的俗世生命伦理学。郭玉宇将影响恩格尔哈特俗世生命伦理学的因素概括如下：“发源于古希腊的西方理性文化传统、近代哲学尤其是康德、黑格尔的日耳曼理性哲学以及当代哈特曼价值哲学思想；古典自由主义、道义论自由主义融合而成的自由合作主义（libertarianism）和后现代道德多元文化的思潮；基督教尤其是东正教思想、诺斯替主义，加上长期从事的医学哲学相关工作与美国卫生制度政策的研究经历，这些因素形成恩格尔哈特广博的知识面和严谨的思辨能力，也形成了他的俗世生命伦理学以理性为基础的自由合作主义风格与宗教式宽容之特征。”① 本书认为，恩格尔哈特的东正教信仰、长期从事医学哲学与美国卫生制度政策的研究阅历同样也影响到其《基督教生命伦理学基础》的思想。既然研究恩格尔哈特俗世生命伦理学中的允许原则，那么我们应该探究影响俗世生命伦理学中允许原则的独特因素。故而，理性主义传统、后现代道德多元化现状和古典自由主义是我们考察的

① 郭玉宇：《对当代学者恩格尔哈特俗世生命伦理学的中国化解读》，《医学与哲学》2012 年第 1 期，第 12 页。

重点。

第一节 语境之一：后现代与道德多元化

“后现代”是一个很难界定的概念，其主旨是无中心意识、多元价值取向、质疑理性的权威等。接受了后现代，就意味着承认了道德多元化的观点。所以，本节把这两个概念放在一起考察。恩格尔哈特在《生命伦理学基础》第二版的导言中明确指出，“《生命伦理学基础》是一部后现代的著作。它是后现代的，因为它接受了利奥塔所给出的后现代的特征，这种特征既是社会学的又是认识论的：‘总叙述（narrative）已经丧失了可靠性，不论它使用何种形式的统一性，也不论它是思辨式的还是关于解放的叙述’”[①]。恩格尔哈特的《生命伦理学基础》与后现代究竟是一种什么关系呢？他为什么要把《生命伦理学基础》建筑在后现代的基础上呢？

一、后现代与《生命伦理学基础》

生命伦理学在美国诞生以来，就呈现出眼花缭乱的多元化景象。每个群体都有其对人类福祉、美好生活以及卫生保健的不同理解，每个群体对生命伦理学的问题都有其自己的观点。正如麦金太尔关于人工流产的三种观点：第一，每个人都拥有某些人身权利，其中包括对自己的身体的权利。第二，当一个母亲怀着胎儿时，胎儿不可能愿意母亲做人工流产，除非确定胎儿已经死亡或受到致命伤害。第三，谋杀是错误的。[②] 诸如此类的生命伦理学领域中的争议无休无止。

在恩格尔哈特看来，“当代的生命伦理学问题是在道德观破碎的背景上产生的，这种破碎紧密联系着一系列的信仰丧失和伦理的、本体论的信念改变。当马丁·路德于1517年万圣节在维腾贝格的万圣教堂（All Saints' Church）贴下95条论纲时，它标志着西方的一个新时代，也标志着人们所假定的统一的宗教道德观之可能性的破灭。人们再也不能希望生活在这样一个社会中：它

① 〔美〕恩格尔哈特：《生命伦理学基础》，范瑞平译，北京大学出版社2006年版，导言第3页。

② 参见〔美〕A. 麦金太尔：《追寻美德：道德理论研究》，宋继杰译，译林出版社2003年版，第8页。

能够追求一个建立在信仰基础上的、由单一的最高宗教道德权威统治的单一的道德观”[①]。尽管西方世界的传统基督教教会尝试着关心今生今世的问题并对生命伦理问题做出了某些让步或妥协（如允许离婚和避孕），但是依旧无法恢复教会在社会的中心地位。“除了伊斯兰教的迅速复兴和某些原教旨主义宗教运动的发展之外，已经得到确立的宗教信仰，特别是那些试图适应现代的信仰，都已经普遍地衰落了。因而，当代的生命伦理学正是处在大量的怀疑论、信仰丧失、信念坚守、道德观多元化这样一个背景之上，并面对公共政策的挑战。”[②] 加之美国政府在道德观上的中立立场，所以每种道德共同体或每个群体的立场无法区分优劣，所有的观点似乎都是合理的。

恩格尔哈特所面对的生命伦理学现状恰如利奥塔对现代性的批判和后现代的论述。

让－弗朗索瓦·利奥塔（Jean Francois Lyotard，1924—1998）是当代法国著名的哲学家，其 1970 年发表的《后现代状况：关于知识的报告》是后现代主义进入哲学领域的标志。在《后现代状况：关于知识的报告》中，利奥塔把元叙事[③]视为现代性的标志，把后现代定义为“不相信元叙事”，而使合法性及其根据问题成为现代性与后现代性之争的核心问题。[④] 何谓现代性？这个概念虽然被频繁使用，但其意义却很难界定。在利奥塔这里，现代性更倾向于用话语形式辩护的一种总体性、中心性和普遍性的权力。为了引出和论证后现代的意义，利奥塔从两个方面阐述了现代性的合法性危机：一是从科学和技术的发展来看，就现实状况而言，它并未给人类带来更大的自由、更多的公共教育或者更多的公平分配的财富。二是从欧洲所经历的政治现实来看，利奥塔列举了德国法西斯屠杀犹太人的罪行，并强烈谴责这是从生理上来毁灭整个民族的罪行。在他看来，奥斯威辛不但代表着现代性的合法性的丧失，而且代表着现代性本身的毁灭与清算。[⑤] 伴随着现代性的合法性危机，元叙事

---

① 〔美〕恩格尔哈特：《生命伦理学基础》，范瑞平译，北京大学出版社 2006 年版，第 19 页。

② 〔美〕恩格尔哈特：《生命伦理学基础》，范瑞平译，北京大学出版社 2006 年版，第 20 页。

③ 元叙事就是为权力、制度、统治方式乃至生活机会辩护的形而上学话语形式；旨在用一种普遍原则统合不同的领域，形成某种普遍的思想意识与价值规范，从而为制度的认同与权力的运作提供合法性的基础。然而，这种统合的结果就是总体性的产生，是用一种强势话语来压制其他的弱势话语。利奥塔所列举的这类元叙事，包括自由、启蒙、精神辩证法、社会主义等。参见陈嘉明：《现代性与后现代性十五讲》，北京大学出版社 2006 年版，第 211、212 页。

④ 参见陈嘉明：《现代性与后现代性十五讲》，北京大学出版社 2006 年版，第 210 页。

⑤ 参见陈嘉明：《现代性与后现代性十五讲》，北京大学出版社 2006 年版，第 213、214 页。

已经不可靠，知识的合法性又在何处呢？利奥塔通过解构现代性的规则系统，确立了后现代的游戏规则，即以维特根斯坦的语言游戏说为基础论证了后现代的合法化模式。有学者认为，“把社会结合的本质解释为类似某种语言游戏，这除了主张它的约定性、规则性外，对于利奥塔来说，还有两个重要的方面：一是断言不同‘游戏’之间的异质性、平等性；二是断言游戏判定的‘无标准性’”①。可见，利奥塔认同语言游戏的多元性、异质性、平等性的思想。总而言之，利奥塔倡导了一种异质性的哲学，反对任何绝对性、普遍性的存在，为一种多元的、平等的社会提供新的哲学基础，正如学者所言：“不相信元叙事，解构总体性，继而重写现代性，这些是利奥塔的‘后现代’概念的基本特征。他这方面思想的积极意义，在于它适应了多元社会的哲学需要，为各种不同的群体、差异的个人拥有自己话语权的必然性与合法性提供了哲学论证。”②

通过对美国生命伦理学现状和利奥塔后现代的阐述，可以看出两者面临的处境非常相似：第一，传统权威的丧失。美国生命伦理学的诸多争议源自统一的宗教道德观的破灭，人们不再拥有一个共同的道德指导。利奥塔的后现代状况的出现则是由于元叙事的权威地位动摇。第二，多元化并存。每种生命伦理学的观点均源于各自的道德传统或各自的利益，谁也无法说服对方。语言游戏的形式也是多样的，“每个游戏都有其自身存在的价值、地位与趣味，它既不把自己看成其他游戏的附庸，也不看作优越于其他游戏的东西”③。第三，缺乏权威的评价标准。旧的权威坍塌或动摇之后，尚无法确定一个新的权威标准。此外，最为重要的一点是，利奥塔所倡导的差异性思维为恩格尔哈特提供了独特的研究视角，即当人们之间存在道德争议时，应该如何和平相处。也许正是基于以上的理由，恩格尔哈特认为《生命伦理学基础》是一部后现代的著作。

二、道德多元化

伴随着西方基督教综合作用的减弱，世俗化倾向越来越凸显，道德的多元化现状成为不可避免的事情。有学者指出，20 世纪 60 年代，民权法案通过

① 陈嘉明：《现代性与后现代性十五讲》，北京大学出版社 2006 年版，第 226 页。
② 陈嘉明：《现代性与后现代性十五讲》，北京大学出版社 2006 年版，第 231 页。
③ 陈嘉明：《现代性与后现代性十五讲》，北京大学出版社 2006 年版，第 226 页。

后制定的各项立法表现了多元文化的趋势。在90年代，克林顿政府把鼓励多样性作为其主要目标之一。这些做法与以往形成了鲜明的对照。美国的创始者将多样性视为一个现实和一个问题，因而有了国家的座右铭“合众为一”。①

人们有权利拥有不同的生活方式和道德观。之所以选择某种行为方式，原因很多，可能是突发奇想，可能是利己主义作祟，也可能是源自自身所属的道德传统等。恩格尔哈特所关注的人们行为的多样性是源自道德传统的多样性，正如《生命伦理学基础》的作者在序言中所言，道德多样性首先突出地出现在西方社会。它的许多方面在北美，尤其是在美国表现得最为明显。这类道德多样性在医疗领域呈现出奇异的特性，如耶和华见证派成员拒绝输血；基督教科学教派成员拒绝看医生而是采用祈祷、讨论的形式对抗疾病；罗马天主教拒绝一切直接堕胎，而正统的犹太教却主张堕胎以保产妇的生命等。这类多样性源自各派所属的道德传统，而非个人的主观意见。

这种道德多样性在现代社会是不可避免的，正如恩格尔哈特所言：“要想形成一个非多元化的社会，人们必须停留在一个非常小规模的社会上，大概不能超出古希腊城邦的范围。至少就当代国家的地理情形而言，只能如此。我们必须记住亚里士多德关于城邦国的看法（对西方影响巨大并且间接地影响了全世界），那是很小的城市并且不接受移民和任何可能破坏其文化统一性的人。道德共同体才是重要的统一性的例证。”② 可见，在传统社会中，人们世世代代定居在一个地方，人们的活动范围相对封闭，对于维护统一的道德观是有益的。现在的问题是，如果人们继续局限在一个非常小规模的社会中而且不允许人员的随意流动，这在当代是不现实的。美国是一个由世界各地的移民及其后裔组成的国家，形形色色的宗教派别伴随着宗教信徒来到北美大陆，加上美国实行宗教开放自由的政策，文化的多元化共生状态就成为必然的现象。

应该如何评价这种多样性呢？在恩格尔哈特看来，多样性本身并不是件好事。“当耶稣询问他从那个格拉森人身上驱除出来的魔鬼‘你叫什么名字？’时，魔鬼回答说：‘我的名字是一大群。’（《马可福音》5：9）对于存有

① 参见〔美〕塞缪尔·亨廷顿：《文明的冲突与世界秩序的重建》，周琪等译，新华出版社2010年版，第281页。

② 〔美〕恩格尔哈特：《生命伦理学基础》，范瑞平译，北京大学出版社2006年版，第21页。

(being) 的正统犹太—基督教的理解是，其根源是一个人、一种永生、一位父亲，而邪恶是离心的、分散的、断裂的和个人性的”。[①] 为了解决这种道德多样性带来的困惑，《生命伦理学基础》探讨了在道德多样性的情况下进行和平的道德合作的可能性。换句话说，此书“试图认真地对待这种现实的道德多样性和多元化，并探讨其对于生命伦理学和保健政策的结果”[②]。于是，恩格尔哈特在解决道德分歧时就有了道德朋友和道德异乡人的划分。

第二节　语境之二：理性的有限性

在不同的道德传统背景下，关于什么事情应该做、什么事情不应该做以及应该怎么做，人们之间越来越难以达成共识。解决这些生命伦理问题争论的关键，在于我们能否找到一个评价的标准。基督教传统已经崩溃，我们能否发现或构建一种道德观来填补道德空白呢？生命伦理学能否在道德观破碎的情况下重构一种唯一正确的生命伦理学共识呢？对生命伦理学的道德共识的探索是与启蒙运动的道德工程[③]的探索一脉相承的。自古至今，人的理性在西方人的心目中占据着突出的地位。从文艺复兴到启蒙运动，伴随着传统基督教的式微，人类的理性力量逐步取代了上帝的作用，成为各种学说能否成立的最终判决者。人的理性有能力建立一种标准的、充满内容的、普遍有效的道德观吗？

一、启蒙运动工程的现代性建构

1. 一般性的道德共识

为了寻求一种普遍有效的道德观，人们从理论层面和实践层面分别进行了积极的探索。

众所周知，人类确实共享着许多基本相同或相似的道德原则、道德规范、

① 〔美〕恩格尔哈特：《生命伦理学基础》，范瑞平译，北京大学出版社 2006 年版，第 7 页。

② 〔美〕恩格尔哈特：《生命伦理学基础》，范瑞平译，北京大学出版社 2006 年版，第 5 页。

③ 北美著名哲学家麦金太尔将自启蒙运动以来决定全部道德和政治哲学的思想模式界定为“启蒙运动工程”，这种思想模式寻求我们提供一个道德和政治原则的中性基础。它诉诸于纯粹理性和建立一个抽象的、由规则支配的伦理学。这种伦理学依靠运用普遍标准来证明具体行为的合理性。参见〔英〕尼古拉斯·布宁、余纪元：《西方哲学英汉对照辞典》，人民出版社 2001 年版，词条“启蒙运动工程”。

道德观念和伦理观念。如孔子在《论语》中所说："己所不欲，勿施于人。"犹太教经书《多比传》中说："你不愿意别人如何对待你，你也不要以同样的手段去对待他人。"或概括为"你所不欲，勿施于人"。佛教的《相应部》中说："在我为不喜不悦者，在人也如是，我何能以己不喜不悦加诸他人？"印度教的《摩诃婆罗多》中说："人不应该以己所不悦的方式去待别人：这乃是道德的核心。"孔汉思等宗教伦理学家把这些共享的道德原则、道德规范和理念称为"金规则"（golden rules），并指出，这些传统道德的"金规则"不仅是现代人类建立全球伦理的共同道德资源，而且这些"金规则"本身就是人类共同的长期有效的"不可取消的和无条件的（道德）规则"。由此，我们就可以推出"人类达成道德共识不仅可能，而且早已成为一种人类道德文明的事实。考虑到这种道德理念的共享是在缺乏人类充分交流的人类早期出现的，我们有理由将之视为一种共同人性的事实"①。

从理论层面而言，启蒙运动的道德工程在康德那里达到了最高点。康德认为，人既能为自然立法也能为自身立法。为了论证绝对道德命令的普遍性、必然性和强制性，康德从形式、质料、整体三方面进行阐述，并制定了三个公式：第一，"要只按照你同时认为也能成为普遍规律的准则去行动"，或者说在任何时候都要按照那些你也愿意把它的普遍性变成规律的准则而行动。第二，"不论是谁在任何时候都不应该把自己和他人仅仅当做工具，而应该永远看作自身就是目的"。在康德这里，每个有理性的东西都自在地作为目的而实际存在着，因为在康德看来，只有人才有尊严，人是不可以被当做手段使用的东西。第三，"全部准则通过立法而和可能的目的王国相一致，如像对自然王国那样"②。在康德这里，绝对道德命令成为一种形式化的表达。

从实践层面而言，人们也以多种形式追求着道德共识。1993 年 8 月 28 日至9 月 4 日，来自世界各地的 120 多个宗教团体的代表参加了在芝加哥召开的世界宗教议会大会。由于深感没有公认的全球伦理就没有公正的世界秩序，代表们在大会上讨论通过并签署了经过反复修改的《世界宗教议会走向全球伦理宣言》，并界定了普遍伦理或全球伦理的内涵："我们所说的全球伦理，并不是指一种全球的意识形态，也不是指超越一切现存宗教的一种单一的统

① 万俊人：《寻求普世伦理》，北京大学出版社 2009 年版，第 17 页。

② 〔德〕伊曼努尔·康德：《道德形而上学原理》，苗力田译，上海世纪出版集团 2005 年版，第 29、30、31 页。

一的宗教，更不是指用一种宗教来支配所有别的宗教。我们所说的全球伦理，指的是对一些有约束性的价值观、一些不可取消的标准和人格态度的一种基本共识。没有这样一种在伦理上的基本共识，社会或迟或早都会受到混乱或独裁的威胁，而个人或迟或早也会感到绝望。”①

2. 生命伦理学的道德共识

如果人们能够建构全球伦理或道德共识，那么人们也希望用理性在生命伦理学领域建构普遍的标准。正如许志伟教授关于世俗性的生命伦理学的评价：“世俗化的生命伦理为了要与宗教群体清楚划分界限，于是更积极地去依附一些不同宗教信仰都可以认同的伦理原则；换言之，特别是那些可以完全独立而与任何特殊的社群或历史背景皆无关的伦理原则。世俗化的生命伦理希望获得一种放之四海而皆准的、抽象的、文化中立的、客观的、理性的、普遍性的原则。”② 面对生命伦理学领域中愈演愈烈的文化冲突，很多学者致力于构建生命伦理学的共识，如国际上一些人试图制定普遍伦理学或全球生命伦理学去统一规范来自不同文化的人的行为。其代表是1998年在北京举行的由教科文组织赞助的普遍伦理学专题学术讨论会以及1998年在东京举行的第四届国际生命伦理学大学（Global Bioethics）。在后一会议上，不少代表试图用“爱”（D. Macer）、“人权”（R. Macklin）、“普遍基础”（R. Veatch）或“基本道德价值”（T. Beauchamp）来论证全球生命伦理学。③

关于全球生命伦理共识的最具代表性的论述是北美生命伦理“四原则说”。美国著名生命伦理学家比彻姆（Tom L. Beauchamp）和邱卓斯（又译为查瑞斯，James F. Childress）在《生命伦理学的原则》④ 一书中，详细论述了四条现在已为人们广泛使用的生命伦理学原则：尊重自主权原则、不伤害原则、行善原则（或译为有利原则）和公正原则。四个原则源自四种伦理理论。⑤ 为了汲取四种伦理理论的精华和避免它们各自的不足，比彻姆和邱卓思

---

① 〔德〕孔汉思、库舍尔编：《全球伦理——世界宗教议会宣言》，何光沪译，四川人民出版社1997年版，第12页。转引自赵景来：《关于“普遍伦理”若干问题研究综述》，《中国社会科学》2000年第3期，第98页。

② 〔加〕许志伟：《生命伦理——对当代生命科技的道德评估》，朱晓红编，中国社会科学出版社2006年版，第13、14页。

③ 参见邱仁宗：《21世纪生命伦理学展望》，《哲学研究》2000年第1期，第35页。

④ 此书自1979年问世以来就成为生命伦理学领域阐释原则的经典之作，被誉为西方生命伦理学的标准教科书，迄今已修订5版（1983、1989、1994、2001、2009）。

⑤ 尊重自主源自康德，不伤害源自格特，行善源自密尔，公正源自罗尔斯。

在具体境遇中采用解释（specification）和平衡（balancing）的方法将四原则用于伦理决策的指导，并运用罗尔斯所谓的反思平衡（reflective equilibrium）方法以达到各道德信念的融贯（coherence）一致。四个原则均不享有道德优先权，它们与其他道德要素一样要在具体的道德境遇下接受比较、修正与调整。由于“四原则说”在形式上的普适性和内容上的适度弹性，所以比彻姆和邱卓思认为，“无论人们生活在世界上的什么地方，具有什么样的社会状况，承继了什么样的文化传统、崇拜何种宗教、信仰哪个主义或坚持哪种意识形态，人们都可以使用这几条原则来分析和解决生命伦理学问题”①。正是因为“四原则说”的普适性，这四项原则被誉为医学伦理学的圣经。尽管有学者讥笑这四个始于乔治城大学的伦理原则为“乔治城的咒语”②，但“这四个原则在过去二十年中仍是美国在生命伦理领域中的主导原则，四原则在概念方法上起了一个简单统一的作用。就文化意识形态角度而言，它在一个支离、分解的局面下，起了一种路标作用。在相对主义高涨的文化氛围中，一个简单全面而且一致为大部分人接受的原则性进路自然有其引人之处”③。

除了学术上的探究外，人类也尝试从实践层面寻求解决全球生命伦理问题的有效方式。如联合国教科文组织（UNESCO）大会第二十九届会议通过的《世界人类基因组与人权宣言》（1997）、第三十三届会议通过的《世界生命伦理与人权宣言》（2005），国际医学科学组织理事会、世界卫生组织在2002年公布的《涉及人的生物医学研究的国际伦理准则》，联合国第五十九届会议通过的《关于人的克隆的宣言》（2005），以及国际人类基因组织伦理委员会在1999年公布的《关于克隆的声明》等，都是对这种全球生命伦理问题解决方式的重要尝试或努力。

3．对道德共识的两种主要观点

人们对启蒙运动工程和生命伦理学道德共识的探索，源于人们对理性的自信。但是，也有学者对这种探索提出了质疑。以麦金太尔为代表的当代文化多元论和共同体主义伦理学认为，启蒙运动以来的“现代性道德谋划”已经被证明是彻底失败的，“当代道德话语最显著的特征乃是它如此多地被用于

① 艾川：《它山之石，可以为错——〈生命伦理学的基础〉一书的启发》，《医学与哲学》1996年第8期，第416页。

② 意思是说人们一成不变地、形式化地应用这些原则，就像法师们机械地念咒语一样。

③ 〔加〕许志伟：《生命伦理——对当代生命科技的道德评估》，朱晓红编，中国社会科学出版社2006年版，第9页。

表达分歧；而这些分歧在其中得以表达之各种争论的最显著的特征则在于其无休无止性。我的意思是说这类争论不仅没完没了（尽管它们的确如此），而且显然不可能得出任何结论。在我们的文化中似乎没有任何理性的方法可以确保我们在道德问题上意见一致”①。换句话说，在麦金太尔看来，道德争论的各方所持有的观点在逻辑上都是有效的，但是各方观点均源自不同的前提。而对于这些前提，我们没有任何合理的方式衡量好坏，因为争论各方的前提和预设具有“不可公度性”。可以说，麦金太尔对西方文化非常失望。他展望“日益临近的野蛮与黑暗年代”，认为我们的唯一希望在于“建立地方性的社群，在这种社群中，优雅的举止以及有思想、有道德的生活能够穿破新的黑暗时代而得以维持”②。

虽然哈贝马斯对西方文化的诊断与麦金太尔相同，但是他对现代性的西方文化依旧抱有希望。他通过厘清道德真理与科学真理的差异和相似性，证明道德命题具有认知性内涵，即“我们关于外部事物的客观知识，是通过知识生产者相互间言语论辩，给出理由并加以讨论，最终达成共识性意见而形成的。将道德命题与关于经验知识的陈述命题相比较，两者之间的相似性不言而喻。道德命题的知识性内涵也是辩论、讨论得以证成的，因此，经过人们相互讨论达成共识而形成的道德命题，就像关于外部事物的知识一样，也具有真理性”③。在此基础上，哈贝马斯阐述了话语伦理学的两条核心原则：话语原则和普遍化原则。在他看来，“这两条原则并不涉及对话中的实质内容，也不预设任何特殊理论，例如，正义原则、基本人权、宗教戒律……等等。质言之，对话伦理学知识提供一个理想沟通的平台，让持不同意见者进行理性的论辩，以较佳的论据与理由来说服他者，凝聚共识”④。

综上所述，启蒙运动工程的支持者坚信人类的理性能解决人类面临的问题。尽管有学者对理性提出了质疑，但是“大多数西方学者认为，启蒙运动的道德工程尚未获得成功，但也并未失败，因为它仍在继续之中，我们或许

---

① 〔美〕A. 麦金太尔：《追寻美德：道德理论研究》，宋继杰译，译林出版社2003年版，第7页。

② 〔美〕斯蒂芬·马塞多：《自由主义美德》，马万利译，译林出版社2010年版，第16页。

③ 徐闻：《哈贝马斯的商谈民主论研究》，山东大学博士论文，2011年，第88页。

④ 王冠生：《公共理性：罗尔斯与哈贝马斯理论的比较研究》，黄瑞琪主编：《沟通、批判和实践：哈伯马斯八十论集》，允晨文化实业股份有限公司2010年版，第521页。转引自徐闻：《哈贝马斯的商谈民主论研究》，山东大学博士论文，2011年，第94页。

正在一步一步接近真理"①。

二、解构启蒙运动工程的现代性追求——对全能的理性提出质疑

麦金太尔对启蒙运动工程的断言，使人们认识到人类文化传统对理性的制约，正如他关于流产争论的分析："每一个论证在逻辑上都是有效的，或者，很容易通过推演达到这一点；所有结论的确都源于各自的前提，但是，对于这些对立的前题，我们没有任何合理的方式可以衡量其各个不同的主张。因为每个前提都使用了与其他前提截然不同的标准或评价性概念，从而给予我们的诸多主张也就迥然有别。"② 也就是说，我们不能忽略拥有理性的人所生活的社会和历史环境，除非"有理性的东西"纯粹掉了各种社会关系而只剩下某种形式的存在。麦金太尔的论断在实践层面也得到了印证。如 1997 年，联合国教科文组织提出了"世界伦理计划"，并于同年举办了两次会议。虽然会议的规模不大，但争议十分激烈。可见，要达成一种普遍伦理的共识在目前尚存在许多的困难。困难主要来自三个方面：利益多元的事实、文化多元的事实、实证主义质疑价值标准的客观有效性。③

与麦金太尔的思想一脉相承，范瑞平也感受到了形成生命伦理共识的困难。他在参加联合国教科文组织国际生命伦理学委员会第十一次会议（法国巴黎，2004 年 8 月 23—24 日）后写道："在会前准备自己的发言时，我以为六位来自不同的宗教和文化传统的学者至少能对一个具体问题达成一致意见：人类生殖复制的不道德性。但印度教的 Jitatmananda 大师连我这一点微薄的希望也击得粉碎。当代的西方自由主义伦理学家一直试图依赖纯粹理性（pure reason）来建立一套环球伦理学（global ethics），独立于任何具体的宗教信念、道德承诺和文化传统。但在这一明显的道德多元化的氛围中，你可以一目了然地看到每个人的所谓道德'理性'都是其来有自，根本没有什么无源的'纯粹理性'的道德观点。"④

---

① 〔美〕恩格尔哈特：《生命伦理学基础》，范瑞平译，北京大学出版社 2006 年版，译者前言第XVI页。

② 〔美〕A. 麦金太尔：《追寻美德：道德理论研究》，宋继杰译，译林出版社 2003 年版，第 9 页。

③ 参见高扬先：《走向普遍伦理——普遍伦理的可能性研究》，江西人民出版社 2000 年版，第 1、2、3 页。

④ 范瑞平：《如何建立生命伦理学普适规范？——联合国教科文组织国际生命伦理学委员会第十一次会议述评》，《医学与哲学》2004 年第 10 期，第 26 页。

恩格尔哈特亦针对全能的理性提出了质疑："众多正式和非正式政治组织的公共政策都暴露了关于生命伦理学主旨理解的深刻差异。这些不同意见值得认真地研究与关注。"① "在生命伦理学和卫生政策的实质问题上，不仅存在着明显的道德争论，而且这些诸多的争论，是不能通过正常的理性论证得到解决的。一方面，正如已经提到过的，这些诸多的争论源于各自不同的基本的形而上学信仰，比如关于流产、用于研究的胚胎生殖以及杀婴的意义（也就是说，这些问题涉及的实体是否应被认为是与正常成人一样的人）。大多数这些形而上学的争论，只有通过承认特定的最初前提和论证规则才可能被解决。另一方面，即使基本的形而上学问题不成问题，争论将转向对价值的不同评定。"②

由于对全能理性的质疑，有学者对经典的生命伦理四原则提出了批评："原则主义者根本没有试着证明，这些不同原则如何调和，甚至是可否调和；亦没有试着证明，据信可推导出原则的那些理论是可以调和的，或者是，其中一者可以修正，驱除其缺失和不充分之处。以 Beauchamp and Childress 为例，这强烈意味着，有多个竞争性的原则，但平等地都有最终成立理由的良好根据。而且，由于理论原则位于它们证成理由层级的顶端，从而，亦没有办法来仲裁它们之得失。"③ 由于四原则的应用需结合具体的道德境遇做出解释和权衡，所以它们并没有为人们提供明确具体的道德指导，即不能明确地告诉我们某个行为是对还是错。正如恩格尔哈特所言："表面上统一的原则背后，隐藏着多元的、不同的道德理解和道德承诺。比彻姆和邱卓斯没有办法向我们证明只有他们对这几条原则的理解才是唯一正确的理解。"④ 在恩格尔哈特看来，四原则的意义和局限性是显而易见的。"诉诸中间性的自主原则、行善原则、不伤害原则和正义原则可以是一种非常有帮助的设计：（1）有助于解决具有相似的道德情感但不同的理论方法的人们之间的道德争端；（2）有助于探讨和比较不同的理论重建道德情感和道德直觉的方式；（3）有

① 〔美〕H. Tristram Engelhardt：《全球生命伦理学：共识的瓦解》（上），郭玉宇等译，《医学与哲学》2008 年第 2 期，第 1 页。

② 〔美〕H. Tristram Engelhardt：《全球生命伦理学：共识的瓦解》（下），郭玉宇等译，《医学与哲学》2008 年第 3 期，第 19 页。

③ 〔美〕凯·丹尼尔·克卢瑟、伯纳德·格特：《对原则主义的批判》，《中外医学哲学》1999 年第 2 期，第 25 页。

④ 艾川：《它山之石，可以为错——〈生命伦理学基础〉一书的启发》，《医学与哲学》1996 年第 8 期，第 416 页。

助于决定各种道德观及其对生命伦理学和保健政策的意义的不同性；但（4）无助于解决持有不同的道德观或道德感的人们之间的道德争端。”[①]

恩格尔哈特也对哈贝马斯寻求共识的路径提出了质疑。哈贝马斯对西方文化依旧抱有希望，并认为现代性是“一项未完成的构想（project）”，于是他构建了一种“交往行为理论”。这种“交往行为理论”改变了主体式的独白，论证了主体间的以沟通为取向的模式。在哈贝马斯看来，沟通是一个相互说服的过程，通过双方的对话、交流、理解和论证最终会以较佳的论据和理由说服对方，达成共识。在哈贝马斯的阐述中，至少有两点是我们应该关注的：首先，他预设了理想的言谈情境，即放弃我们的特殊利益，只就共同关心的问题进行对话。只有这样，人们才可以超越自己生活世界的局限，最终达成共识。问题是，人们是否真的可以放弃自身的特殊利益。有学者针对这种表述提出了不同的看法：“理想的交往行动要求人们放弃各自的特殊利益，这即使在拥有同一个生活世界的对话者之间也难以做到，性别、阶级和种族的差异是无法消除、也无法彻底悬置的事实。交往行动如果只是没有这些差异背景的中性人之间的对话，那它就只能是一个理论的虚构。交往行动的参与者如果是不同甚至对抗的生活世界背景的人的话，哈贝马斯所想象的交往行动将更加困难。”[②] 可以说，哈贝马斯预设的言谈情境在现实层面是很难实现的。其次，哈贝马斯认为“确立这种商谈的普遍性有两条路线，一条是非理性的路线，就是通过刺激和威胁，另一条就是理性的路线，即通过论证取得意见一致…… 而只有后者才能达成商谈伦理学的普遍性原则。”[③] 问题是，通过双方的对话、交流、理解和论证，是否真的能以较佳的论据和理由说服对方而达成共识。在恩格尔哈特看来，如果我们相信哈贝马斯的论证，我们“就必须已经同意了哈贝马斯大胆的、启蒙运动式的假定：提供理由将足以使不同的道德感之间相互批评”[④]。问题是，不同的道德感之间如何比较和相互批评。为了论证各自的道德感，人们又去寻求更高一级的道德感，如此进行以至于无穷。最终的比较一定是道德预设或道德前提的较量，然而源于道德陌生人的各自的道德预设或道德前提是不可通约的。可见，哈贝马斯

---

① 〔美〕恩格尔哈特：《生命伦理学基础》，范瑞平译，北京大学出版社2006年版，第63页。

② 张汝伦：《哈贝马斯交往行动理论批判》，《江苏行政学院学报》2008年第6期，第9页。

③ 刘峰：《道德共识何以可能——哈贝马斯的商谈伦理及其现实道路》，《武汉科技大学学报》2011年第6期，第644页。

④ 〔美〕恩格尔哈特：《生命伦理学基础》，范瑞平译，北京大学出版社2006年版，第60页。

对共识的论证仅适合于道德感相同或相近的人们之间，寻求跨文化的有内容的共识困难重重。在恩格尔哈特这里，并不完全否认哈贝马斯对共识的探索。也就是说，跨文化之间的共识有时也是可以产生的，只是各方的论证方式不同而且共识对各方的意义也截然不同。恩格尔哈特所关注的是，人们之间不可能总是可以提供较佳的理由或证据说服对方。也就是说，他认为，哈贝马斯的寻求共识的路径不具有普适性。

综上可见，通过以上学者的阐述论证了一个问题：通过理性建构一个标准的、充满内容的、普遍有效的道德观，而且这种道德观能为人们提供具体的道德指导，在当下是不可能实现的。只能说，就某些生命伦理问题，人们可以达成某种较为宽泛的道德共识，希望一种能解决所有生命伦理问题的完备的道德观是可望而不可及的。因为“实践证明，这样一种能够为所有人共享的伦理理论很难找到，或者根本不存在。用这样一种所谓系统理论去指导伦理实践，在不同理论支持者那里最终只会陷入无休止的理论争论之中。相反，对不同理论传统的支持者而言，达成原则层面的共识则是可能的”[①]。这个论断恰恰印证了恩格尔哈特的观点，即辩护一种充满内容的、俗世伦理学的尝试为什么失败。这也在某种程度上证明人的理性是有限的。

三、恩格尔哈特对启蒙运动工程的态度

恩格尔哈特接受了麦金太尔关于启蒙运动工程的论断，即启蒙运动的道德工程已经失败；同时，他也没有放弃哈贝马斯对现代性的论断，即现代性是一项尚未完成的计划。于是，他试图超越麦金太尔对西方文化的失望来构建一个不同于哈贝马斯观点的道德共识，即企图“从已经失败了的启蒙工程中挽回一点值得肯定的东西”[②]。

于是，恩格尔哈特考察了确立道德标准的各种道德说明，如直觉主义说明、判例法说明、后果论说明、假设选择论说明、理性的选择和商谈式说明、博弈论说明、自然法说明和基于中间原则的说明。对于各种道德说明，他得出的结论是，“每一种试图辩护一种具体的道德观的理论方案都

① 肖健：《比彻姆和查瑞斯的生命伦理原则主义进路评析》，《道德与文明》2009 年第 1 期，第 45 页。

② 〔美〕恩格尔哈特：《生命伦理学基础》，范瑞平译，北京大学出版社 2006 年版，译者前言第 XVI、XVII页。

恰好预设了它所寻求确立的东西……任何具体的道德选择都预设了某种具体的道德感。困难在于如何确立任何具体的道德感或道德观的规范性。面对这些困难，在一般的俗世条件下，没有一种具体的道德观或生命伦理学能够显出比其他的更好”①。可以看出，他的结论受到麦金太尔和后现代的双重影响。

现在的问题是，现实中很多人认为，我们可以诉诸社会上的一致舆论或重叠共识来指导我们的行动。在恩格尔哈特看来，“这部分地源自于政治家们寻求表面的一致舆论来进行统治这一方式。如果人们要设立一个政府委员会来达到一项具体政策而不是由反对而造成分裂，那么人们所组织的程序就不能对基础性的道德或政治观念进行无休止的辩论”②。这样经过多数派同意形成的表面的一致舆论类似于社会的意识形态，是统治阶级的观念在社会中占主导地位的表现。恩格尔哈特对这种一致舆论提出质疑：“为什么多数具有真实的或权威的正义观，如果这种多数存在的话？为什么占优势的一致舆论具有道德权威？此外，多少一致舆论才够得上道德权威？”③ 这种质疑反映了社会中少数派的利益被忽视，于是出现了“谁的正义？谁的合理性”的争论。在恩格尔哈特看来，只有获得所有人同意的政策，才真正具有道德权威。事实上，对于由多数决定国家政策的民主机制，应该做一个范围的区分，即在涉及所有人公共利益或集体利益的时候，为了避免无序或混乱，可以使用多数决定制。但是，在仅涉及个人利益的时候，多数决定制就是有问题的。如，处于临终状态的癌症病人，希望能够安详地、有尊严地离开人世而寻求安乐死。国家中的大多数人反对安乐死，于是制定了禁止医生协助安乐死的政策。这种政策的权威性就不免让人不满，因为国家是大家的国家而不仅仅是多数人的国家，国家应该尊重国家内每一个人的立场。

当并不是所有人都能得到上帝的恩典，而俗世领域中理性又无法揭示一种标准的、充满内容的道德观时，解决人们之间分歧的道德权威来自何处呢？恩格尔哈特认为，“我们不要在俗世的层面上讨论依据具体内容、价值或思想的道德权威，因为根本没有办法挑出正确的内容。但是，我们能知道谁拥有

① 〔美〕恩格尔哈特：《生命伦理学基础》，范瑞平译，北京大学出版社 2006 年版，第 64 页。

② 〔美〕恩格尔哈特：《生命伦理学基础》，范瑞平译，北京大学出版社 2006 年版，第 66 页。

③ 〔美〕恩格尔哈特：《生命伦理学基础》，范瑞平译，北京大学出版社 2006 年版，第 67 页。

道德权威或者谁是道德权威。人是道德权威的来源"[1]。由此，恩格尔哈特得出，能够在道德上约束道德异乡人并且包容道德多元论的俗世[2]的生命伦理学，只能是一种道德框架（相互尊重）。"根据这一框架，属于不同的道德共同体的个体们仍然可以看到自己受一种共同的道德结构的约束，仍然可以诉诸一种共同的生命伦理学。"[3] 如果这种道德框架能够成功，即便不能为人们提供一种共同的、标准的、充满内容的道德共识，也将会有一种程序共识来约束道德异乡人的行为。这可能是我们在失败了的启蒙运动工程中所能挽救回来的一点东西，尽管许多人会觉得可以挽救下来的东西比他们想要的或所期望的要少得多。恩格尔哈特默认了这种令人惋惜的状况，因为这是俗世的伦理学所能提供的全部。

第三节　语境之三：自由主义的影响

Kevin Wm. Wildes 指出，"对生命伦理学领域中的很多人而言，恩格尔哈特被看做是一个忠诚的古典自由派和世俗的人文主义者。事实并不是这样。本文将论证，恩格尔哈特不是由于选择而是由于无为成为一个古典自由派。他的古典自由派结论只能依据他的论证得以理解，其论证即伦理学中现代性哲学事业的失败和后现代困境的卷入"[4]。在这里，Wildes 重申了恩格尔哈特的观点："事实上，无论是第一版还是第二版都既未主张个人选择具有最重要的价值，也未主张自由具有优先价值。……既然在俗世的情形下道德权威既无法从上帝也无法从理性那里推导出来，那么它只能来源于个人。……约束道德异乡人的道德就不可避免地具有自由联合主义（libertariao）性质。但这

---

① Kevin Wm. Wildes, S. J. . Engelhardt's Communitarian Ethics: The Hidden Assumptions, edited by Brendan P. Minogue, Gabriel Palmer—Fernandez, James E. Resgan. *Reading Engelhardt*. Kluwer Academic Publishers, 1997, p82.

② 〔美〕恩格尔哈特考察俗世性、俗世主义和俗世化至少有七种意思，它们通过家族相似而连在一起。恩氏是在第一意思上使用俗世，即俗世性作为一种道德的中性框架，属于不同的宗教和意识形态的人们在这个框架内进行合作。

③ 〔美〕恩格尔哈特：《生命伦理学基础》，范瑞平译，北京大学出版社 2006 年版，第 4 页。

④ Kevin Wm. Wildes, S. J. . Engelhardt's Communitarian Ethics: The Hidden Assumptions, edited by Brendan P. Minogue, Gabriel Palmer—Fernandez, James E. Resgan. *Reading Engelhardt*. Kluwer Academic Publishers, 1997, p77.

是由于不做为（default），而不是由于故意造成的。”[1] 在这里，我们要区分两种自由：作为一个条件的自由和作为一种价值的自由。自由主义所推崇的是作为一种价值的自由，自由本身就具有至高无上的价值。在恩格尔哈特这里，自由是探讨生命伦理问题的先验条件。因为没有自由这个先验的条件，生命伦理学的讨论就无法展开。

郭玉宇在其论文《恩格尔哈特俗世生命伦理学思想简评中》指出，“恩氏的自由主义又不是完全的康德式自由主义，他在自由与平等之间重点强调自由，明显体现了自治论自由主义的倾向。自治论自由主义认为自由选择是至高无上的，所有冲突都可以通过市场机制解决，国家和政府对个人的行为不能干预过多”[2]。同时，她在文中将自治论自由主义和古典自由主义等同。

既然恩格尔哈特具有明显的古典自由主义倾向，那么这种倾向是什么？对恩格尔哈特的思想产生了哪些影响呢？古典自由主义，按照通常的理解，是从英国哲学家洛克开始的。“人类天生都是自由、平等和独立的。如不得本人的同意，不能把任何人置于这种状态之外，使受制于另一个人的政治权利。”[3] 洛克的思想为自由主义奠定了基本的思维模式，即个人自由，个人拥有不可侵犯的权利。古典自由主义对应的英文是“classical liberalism”，维基百科是这样界定的：“古典自由主义是一种支持个人优先于国家存在的政治哲学，强调个人的权利、私有财产，并主张自由放任的经济政策，认为政府存在的目的仅在于保护每个个体的自由。”具体来说，古典主义的理论有以下几点深刻影响了恩格尔哈特的思想：第一，古典自由主义反对17、18世纪绝大多数的政治学说，如君权神授、世袭制度和国教制度。它强调个人的自由、理性、正义和宽容。第二，古典自由主义并不必然支持民主的原理，这是因为尊重和保护个人财产权的法律，比民主的多数决定原则还要重要。第三，古典自由主义不相信个人权利是由政府所“创造”的（在道德层次上）。第四，对古典自由主义而言，个人的权利是消极本质，亦即权利是以不受其他人（以及政府）侵犯的个人自由为基准，在本质上是彻底反对福利国家等政

① 〔美〕恩格尔哈特：《生命伦理学基础》，范瑞平译，北京大学出版社2006年版，第5、6页。

② 郭玉宇、孙慕义：《恩格尔哈特俗世生命伦理学思想之简评》，《道德与文明》2010年第6期，第59页。

③ 〔英〕洛克：《政府论》，叶启芳、瞿菊农译，商务印书馆1964年版，第59页。

策。[①] 依据恩格尔哈特有关"俗世国家的有限道德权威"、质疑多数派形成的占主导地位的社会意识形态、道德权威来自个人、坚决反对强制以及西欧和北美实行的社会福利政策所面临的多重危机等方面的阐述，我们可以看到古典自由主义对他的影响。

郭玉宇提到恩格尔哈特具有自治论自由主义的倾向。那么自治论自由主义和古典自由主义是一回事吗？自治论自由主义对应的英文是"libertarianism"，《西方哲学英汉对照词典》是这样界定的："它是自由主义的一种激进形式，认为来自国家和政府的干预是不必要的或无道理的。自由选择是至高无上的，所有的冲突都可以通过市场机制来解决。其强烈的无政府主义形式坚持认为，所有的政府都是不合理的。所有强制的政治上的普遍性都是不可接受的。其温和的无政府主义形式承认政府可以适当地从事治安保卫、合同的执行及国家的防卫，但不能再超出这些。自治论自由主义特别强调个人获取和拥有财产的权利，并对税收制度的合法性表示怀疑。它提出要发展合理的利己主义或亚里士多德的幸福论。"[②] 恩格尔哈特和诺齐克都属于比较温和的无政府主义者。如恩格尔哈特将国家机构比作邮局，认为一个非权利的世俗多元化社会的邮局会邮寄宗教印刷品，也邮寄反对宗教的印刷品，既邮寄种族主义的印刷品，也邮寄反种族主义的刊物。只要活动是通过和平的方式，人们对这些印刷品的道德内容则不作任何评论。[③] 诺齐克则认为，"被证明是正当合理的国家是一种最低限度的国家，它只限于发挥防止暴力、盗窃、欺诈、限于契约实施等等这样一些狭隘的作用；任何较为广泛的国家都会侵犯人的不可强迫的权利，因而被证明是不正当的；而最低限度的国家才是令人鼓舞的、正当的"[④]。

这种温和的无政府主义形式与古典自由主义中政府的有限权威是一脉相承的。正如有学者指出，在古典自由主义理论中，曾经有过"守夜者式国家"（the night-watching state）的概念。它的职责"只限于保护其所有的公民免受

① 参见"维基百科"之词条"古典自由主义"，网址为 http：//zh. wikipedia. org/wiki/。

② 〔英〕尼古拉斯·布宁、余纪元：《西方哲学英汉对照辞典》，人民出版社 2001 年版，第 552 页。

③ 参见〔美〕恩格尔哈特：《生命伦理学和世俗人文主义》，李学钧、喻琳译，陕西人民出版社 1998 年版，第 187 页。

④ 〔美〕罗伯特·诺齐克：《无政府、国家和乌托邦》，美国基础图书出版有限公司 1974 年英文版，第Ⅸ页。转引自万俊人：《现代西方伦理学史》（下卷），北京大学出版社 1992 年版，第 971 页。

暴力、盗窃和欺诈，只限于契约的实施等”，如同守夜只负责保护户主生命财产的安全一样。①

① 参见〔美〕罗伯特·诺齐克：《无政府、国家和乌托邦》，美国基础图书出版有限公司1974年英文版，第26页。转引自万俊人：《现代西方伦理学史》（下卷），北京大学出版社1992年版，第971页。

第三章　医患关系：建构允许原则的基础

基于第二章的考察，我们可以得出人们经常以道德陌生人的身份相遇，可能存在道德分歧而无法说服彼此。理性也不能给出一个评判对错的标准；同时，国家不能滥用权威干预人们的道德分歧。在这样的大背景下，医疗领域也存在相似的道德争议问题。例如，持无神论的荷兰医生会把一位信仰者愿意忍受长期痛苦而不接受安乐死的行为看做是不可思议的，一位不是耶和华见证派成员的内科医生会觉得一位宁愿流血致死也拒绝接受输血的见证派成员的做法很荒诞，等等。面对这样的境遇，医生应该怎么办呢？本章，我们将逐一分析恩格尔哈特对以下问题的阐述：医生对医学知识的理解是客观的吗？医生在什么情况下应该行使家长的权威？在什么情况下，医生的权威应该受到限制？医患之间的道德分歧如何解决？

第一节　医学知识的客观性考察

20 世纪以来，基础医学和临床医学取得了巨大的进步，医生相信他们有能力征服各种疾病，因此医生的权威得以强化，医患关系的不平等也更加明显。[①] 可见，科学思想不仅影响到科学技术，而且影响到人们的道德生活。之所以会形成这样的现状，是因为科学知识成为道德判断的一个重要标准。如著名思想家培根认为，珍视科学知识并不是为了它本身，而是因为它是为全人类谋福利的强有力工具。他力图把伦理学建立在科学的认识论基础上，认为只有先解决人的认识能力，才能够解决好人性和道德问题。他提出知识就是道德的观点，认为人的一切道德都来自人对真理的认识，而人的一切不道

① 参见张大庆：《中西医学伦理学史比较研究》，北京医科大学博士论文，1996 年，第 114 页。

德来自谬误的见解。① 笛卡尔也认为，有了真理的知识，人就有了辨别善恶的能力，就会成为有道德的人。他指出，“正当行为所需要的全部条件，只有正确的判断，而至善行为所需要的全部条件，只有最正确的判断”②。可见，培根和笛卡尔的阐述揭示了这样一种观点：人的道德判断应该以科学的、正确的知识为基础。在医疗实践中，医生对医学知识拥有职业上的优越感和话语霸权。在他们看来，医生的决策就是最好的医疗决策。但医学知识是客观的吗？是毫无争议的吗？

一、“疾病”概念的争论

“西方社会一直试图脱离人们的具体目标和期望（即价值观念）来发现所谓客观的疾病。”③ 但是，“如果我们翻阅一下美国70年代中期以来的医学和哲学杂志，就会发现西方学术界围绕着医学目的，疾病概念和健康观念进行了大量的讨论。”④ 这些讨论与传统上对医学的看法截然不同。传统的真理性知识遵循“认识必须符合对象”，关于实在的知识是唯一的、客观的。而美国20世纪70年代对“疾病”概念和健康观念的多样化讨论，似乎表明人们依据概念所认识的实在是有差异的。那么，应该如何面对这些差异呢？我们能否获得客观的医学知识呢？

1. 医学知识的两种观点

医学知识是通过人的认知实现的。问题是，人所形成的医学知识是否是客观现实的一面镜子。早期的医学家认为，医学知识是可以反映客观实在的。这种观点在20世纪70年代受到了挑战。

自人类诞生以来，疾病就与人类的发展如影随形。对于“疾病”的概念，美国70年代引发了众多讨论。大致分为两类：第一类是中立主义者或客观主义者的观点，即疾病的判定是一个关于世界的客观事实。第二类是规范主义者的观点，即一种身体状况是否是疾病取决于我们对它的负面评价。而价值针对不同的文化呈现明显的变化。如具有明显的文化价值影射的疾病例子：

---

① 参见唐凯麟：《伦理学纲要》，湖南人民出版社1985年版，第623页。

② 周辅成：《西方伦理学名著选辑》（上卷），商务印书馆1964年版，第592页。

③〔美〕恩格尔哈特：《生命伦理学基础》，范瑞平译，北京大学出版社2006年版，译者序言第XXIV页。

④ 艾川：《它山之石，可以为错——〈生命伦理学基础〉一书的启发》，《医学与哲学》1996年第8期，第413页。

19世纪的手淫恐惧病或者18世纪的为寻求自由而逃跑的奴隶所遭受的一种名为“漂泊狂”的疾病。①

恩格尔哈特属于一个弱的规范主义者，正如有学者所言：“在恩格尔哈特看来，我们之所以把有些状态看作不健康，首先是由于我们把它们评判为具有负价值（disvalue），把它们同痛苦、无能和异常联系在一起，并通过医学来寻求改善手段。这就是说，健康判断的核心是价值判断、是人生欲望、是生活目标。人们在所期望的自由度、体型、仪表和生命长度的基础上结合环境状况而形成了具体的健康和疾病判断。”②

此外，恩格尔哈特明确写道：“在命名、分类、分级、分期和说明疾病时，我们希望能像理想的研究者共同体研究外部实在那样来做这些工作。但我们永远无法达到这一目标。对于实在的任何描述都是从某种具体的观念出发的。……弗兰克（L. Fleck，1896—1961）和库恩近来对这方面的研究使我们更好地理解了历史和文化力量在一般的科学和具体的医学中的作用。”③ 由此可以得出他对疾病和医学的建构主义倾向。

2. 规范主义者的理论基础

下面将主要介绍弗兰克和库恩对科学知识的影响。

路德维希·弗兰克针对医学知识的基础提出质疑。对早期的自然科学家而言，观察是一个从认知主体到认知客体的过程。所有现象的精确观察的总和应该形成全部的知识。弗兰克认为，依据当前的理念，这个断言是错误的。观察不是简单的累积，因为观察到的现象的类型取决于观察者；谈及所有现象的观察的总量是不可能的。总之，人不可能像一面镜子一样，能够精准全面地反映现实。

1930年，弗兰克创造了短语“思想集体”（thought collective）。弗兰克认为，在科学研究中，真理的发展是一个不可能达到的目标，因为不同的研究者被禁锢在思想集体（或思想类型）中。真理在它所从属的思想集体的语言或象征意义中表现为相对的价值，而且真理受到这个集体的社会时空结构的制约，所以想说明一个具体真理的对或错是不可能的。它只在自己的集体内

---

① Frederik Kaufman. Disease: Definition and Objectivity, *What Is Disease*? Humana Press, 1997, p272.

② 艾川：《它山之石，可以为错——〈生命伦理学基础〉一书的启发》，《医学与哲学》1996年第8期，第414页。

③ 〔美〕恩格尔哈特：《生命伦理学基础》，范瑞平译，北京大学出版社2006年版，第191页。

是正确的，但在其他的集体内是不可理解的或不可证实的。弗兰克积极倡导比较认识论。这条路径预料了后来的社会建构论的发展。[①] 换句话说，弗兰克相信，我们称为事实的东西是社会的建构。显而易见，康德的认识论影响了弗兰克的理论。简而言之，面对客观的世界，认知主体的认知形式影响了知识的形成。

与弗兰克的理论一脉相承，科学哲学家托马斯·库恩（1922—1996）在《科学革命的结构》中系统阐述了范式，即常规科学所赖以运作的理论基础和实践规范，是从事某一科学的研究者群体所共同遵从的世界观和行为方式。库恩认为，科学史就是一系列范式所构成的历史图景，科学的实际发展是一种受范式制约的常规科学以及突破旧范式的科学革命的交替过程。一门科学进步的图景可以概括为下列开放的图示：前科学——常规科学——危机——新的常规科学——新的危机……

医学作为自然科学的组成部分，也存在着相应的范式转化。例如医学模式（又称为医学观，指在一定历史时期内，人们关于生命和死亡、健康和疾病的总的观点）的演变：神灵医学、自然医学、生物医学和生物—心理—社会医学。可以说，对疾病和健康的理解总是具有特定医学模式的特点。医学知识总是具有鲜明的历史文化影响。

恩格尔哈特认同以上两位学者的理论，正如《解读恩格尔哈特》的序言中所言："根据卡特（Mary Ann Gardell Cutter）的看法，恩格尔哈特认为科学家、医生、市民和患者构建而非发现了医学、健康、疾病的事实和意义。"[②] 此外，恩格尔哈特对医学和疾病的这种建构主义倾向在实践中也得到了印证，琳恩·贝厄在其著作《医学与文化：美国、英国、联邦德国和法国的不同医疗方法》中"将这四个国家中常见的医学诊断作了比较，发现差异极大。例如，在这四个国家中，医生开处方的药量会有 10 至 20 倍的差别；美国的人均外科手术率是英国的 2 倍，乳房切除术的比例是英国的 3 倍，冠状动脉手术是英国的 6 倍；美国的高血压到了英国则是正常的，而在德国就算病状；欧洲使用的抗生素量远远小于美国……而我们都知道，这四个国家之间的交

---

① 参见 https：//en. wikipedia. org/wiki/Ludwik_ Fleck。

② Brendan P. Minogue. Gabriel Palmer-Fernandez and James E. Reagan，*Reading Engelhardt*. Kluwer Acadimic Publishers，1997，Introduction，p8 –9.

流和沟通应该是世界上第一流的了”①。可见，医学的诸多诊断标准受到各国医学共同体的认知方式的影响。而每个国家的医学共同体之所以会制定不同的诊断标准，主要是由于文化的差异。

二、恩格尔哈特对客观性疾病论述的批判

恩格尔哈特考察了两个论述客观疾病的重要尝试。

第一种尝试是，人们在自然本身中找到一种价值规范，作为人体健康和疾病的评价标准。这突出地表现在西方基督教的理解之中：人和自然是由上帝创造的……因而上帝在创造自然时已经注入了标准，这些标准可以由人通过研究自然（就人体而言，研究人体器官的功能）揭示出来。偏离这些标准就是异常，就是疾病。第二种尝试是，以布尔斯为代表的一类研究，即由同一物种、同一性别、同一年龄的生物组成一个参考类，其成员的一部分或一种程序的正常功能就可以定义为是对其个体成员的生存和繁衍具有统计学意义上的典型助益的功能，疾病则是对正常功能的损伤或限制。② 在恩格尔哈特看来，这两种尝试都不能证明疾病是客观的。

为什么恩格尔哈特会得出这样的结论呢？

第一种重要的尝试是在自然本身中找到一种价值规范，作为人类健康和疾病的指针。这突出地表现在西方基督教的理解之中。这种尝试存在两个难题。首先，坚持这种观点的人需要一些十分具体的宗教和形而上学前提。换句话说，这种观点针对基督徒是有效的，对不接受基督教的人而言是无效的。由此可见，第一种重要的尝试预设了基督教的上帝目的。例如，关于同性恋的争论就是典型的例子。众多基督徒认为，同性恋行为是有害的，因为这样行为的后果是被罚下地狱。与此同时，很多现代的同性恋者并不认为采取同性恋的行为是有害的。他们拒绝这样的看法，即这样的行为是一个该死的冒犯。其次，基督教针对疾病的价值规范可能忽略了具体的环境。考虑一下色盲，它在许多环境中都是一种劣势或疾病，但在大体单色而又需要识别伪装的环境中（如雪原上的狩猎民族），由于色盲具有识别伪装的优势，色盲就可能不被看做疾病。综合以上分析，基督教提供的健康和疾病的评价标准不是

① 王一方：《医学人文十五讲》，北京大学出版社 2006 年版，第 4 页。

② 参见〔美〕恩格尔哈特：《生命伦理学基础》，范瑞平译，北京大学出版社 2006 年版，译者序言第 XXⅣ、XXⅤ页。

客观的。

第二种重要的尝试可以称为生物统计学理论（biostatistical theory，BST）。为了区分健康和疾病，需要一定的目标和价值观念。布尔斯设定了个体的良好生存和繁衍作为目标（归属于生理学家的标准）。符合或高于这个目标的身体功能就是健康的，低于这个目标的身体功能就是疾病，由此布尔斯主张BST会导致一个关于健康和疾病的价值无涉的论述。恩格尔哈特认为，布尔斯方案的困难是多方面的，如“由于他把重点放在了个体的生殖良好上，他没能着重得到更广泛承认的包容性适应（inclusive fitness）概念。在进化中重要的似乎不是具体的个体是否生殖，而是个体能否最大限度地使自己的基因在基因库中得到扩散”[①]。可以说，布尔斯在目标和价值规范的取舍层面上，已经具有一定的倾向性。

耶鲁大学的Scott De Vito从三个方面进一步印证了恩格尔哈特对布尔斯方案的评价：

首先，尽管生理学构成了医学的基础，但是并不能必然得出这样的结论，即医学在界定疾病和健康时，的确、应该或必须使用生理学家的观点。医学以生理学为基础，但是医学的目标和兴趣不同于生理学家的目标和兴趣。相反，医学应依赖于病人、执业医师、解剖学家、进化论生物学者或者哲学家的兴趣。[②] 可以说，布尔斯选择个体的良好生存和繁衍作为目标是一个具有鲜明价值取向的决定。其次，依据生存和繁衍目标而进行的健康和疾病的判断是否价值无涉？Scott De Vito否认了这种推理，他认为BST不能产生一个价值无涉的健康和疾病分析。不可否认，卫生保健的提供者对支持平均寿命和平均排卵量感兴趣无可厚非。但是，人们也对生命质量感兴趣。例如，患有多发性硬化症的病人不仅仅想要活得久一点。他们也想减少膀胱的痉挛状态，以便他们不必局限于一种置身于最接近厕所的生活。[③] 如果仅仅依据没有降低寿命和繁衍而判定一个人健康，显然是有价值取舍的。例如，失明并没有降低寿命和繁衍。依据BST的标准，失明的人是健康的。这种论述显然是有问题的。最后，但不是最不重要的，参考类的选择也会影响疾病和健康的判定。

---

① 〔美〕恩格尔哈特：《生命伦理学基础》，范瑞平译，北京大学出版社2006年版，第200页。

② Scott De Vito. On the Value-Neutrality of the Concepts of Health and Disease：Unto the Breach Again，*Journal of Medicine and Philosophy*. 2000，Vol. 25，p 542.

③ Scott De Vito. On the Value-Neutrality of the Concepts of Health and Disease：Unto the Breach Again，*Journal of Medicine and Philosophy*. 2000，Vol. 25，p 545.

例如，设想一个70—71岁的老年女性人群，她们都患有骨质疏松症。当这些女性跌倒的时候，她们会不可避免地伤害盆骨。她们骨头的功能是异常还是正常？如果我们采用了布尔斯的参考类（物种、年龄、性别），那么她们的功能都是正常的。但是，如果我们去除（或扩大）年龄对参考类的限制，我们会得到一个不同的结果。看一下13岁到85岁之间的女性，我们发现骨质疏松的骨头在统计学上不是正常的。①

美国哲学家Joseph Margolis也对布尔斯的生物统计学理论提出批评，即布尔斯仅使用了个人生存和繁衍作为目标而没有考虑具体的背景。Joseph Margolis要求我们设想一下，什么是人类眼睛的正常功能。眼睛作为一个器官，人们认为它们有明确的、指定的功能，所以眼睛是否有病可以很客观地辨别。设想一组环境是非常可能的，即在这种环境中，眼睛将失去它们的功能，然而却没有得病。例如，设想一下，因为陆地的污染，人类接受并适应海底层面且无法渗透阳光的生活。重要的不是这个例子的不太可能性，而是这个例子所得出的教训。并非是眼睛根本没有功能，而只是这个例子蕴含了眼睛的确是有功能的。② 换句话说，海底的人类已经失去了陆地上人类眼睛的常规功能，但是已经适应海底生活的人类眼睛并没有生病。"也就是说，生物有机体的功能，依据这些有机体的有目的活动才能被理解。"③ 依据以上分析，Joseph Margolis认为，我们在考虑物种的常规功能时，一定程度上要取决于参考类的具体背景。

此外，针对布尔斯的BST"符合或高于个人生存和繁衍的身体功能就是健康的，低于这个目标的身体功能就是疾病"，也有学者提出质疑。质疑的问题是，功能障碍是否是疾病的必要条件。布尔斯（作为中立主义者或客观主义者、功能主义者）认为，功能障碍是疾病的一个必要条件，在词典或医学教科书中会看到这样的"疾病"概念。规范主义者对这种观点提出质疑。Frederik Kaufman指出，至少可以设想一种我们描述为疾病的状况，但那不包括功能障碍。设想，高于特定年纪的人常常会发烧、恶心，没有医学干预的

① Scott De Vito. On the Value-Neutrality of the Concepts of Health and Disease: Unto the Breach Again, *Journal of Medicine and Philosophy*. 2000, Vol. 25, p 546.

② Edited by Arthur L. Caplan, H. Tristram Engelhardt, Jr., James J. McCartney. Concepts of Health and Disease Interdisciplinary Perspectives. Addison-Wesley Publishing Company, 1981, p 569.

③ Edited by Arthur L. Caplan, H. Tristram Engelhardt, Jr., James J. McCartney. Concepts of Health and Disease Interdisciplinary Perspectives. Addison-Wesley Publishing Company, 1981, p571.

话，会倾向于死亡。把这种状况视为疾病是有道理的。似乎症状也是物种设计的一部分。也许，这种状况是物种的某种进化优势所具有的“自我毁灭”机制。得知这种状况是我们进化设计的一部分时，我们也许会否认发烧、恶心是疾病，相反会断言发烧、恶心是我们自然生命周期的一个方面，但是也可能不是。因为个人深受这种状况的影响之苦，我们将继续把这种状况看做疾病，并尽我们所能的解决它。如果这是可以设想的，那么把正常的功能运行看做疾病就是可能的。[①] 基于以上分析，推断出功能障碍不是疾病的一个必要条件。

综合以上分析，布尔斯的生物统计学理论无法证明疾病是客观的。“诸如布尔斯这样的方案必定失败。……即使布尔斯也将同意，统计学发现至多是提示性的，显然不能为医学界说什么应该算作疾病。”[②]

总之，在恩格尔哈特看来，对医学知识的客观性考察如同启蒙运动的道德工程一样，“试图给出一种中立的、纯描述的疾病说明失败了”[③]。也就是说，我们不可能得到一个普遍有效的疾病说明，“要想决定什么是一个医学问题，人们一定要参考具体的环境和具体的目标，由此来理解个体是否适应优良”[④]。另一方面，恩格尔哈特并不否认，许多疾病在几乎任何地方、任何文化中都被看做疾病，但这并不能说健康和疾病判断的核心是可以超越价值判断的。当人们所持有的价值观念和目标有所不同时，问题和争议就会出现。恩格尔哈特所关注的恰恰就是由历史和文化所引起的人们对疾病的不同理解。

三、对恩格尔哈特的评价及其回应

恩格尔哈特的疾病建构主义论证也受到了批评。比如，匹兹堡大学的科学史和科学哲学家列诺克斯认为，第一，构造主义的认识论观点是同各类实在论相对立的。它需要建立在关于实在、知觉和知觉与概念之间的关系的哲学假定的基础上，但恩氏未能就这些方面提供足以令实在论者信服的论据。第二，恩氏提供了优异的论证，表明价值判断参与了“疾病”概念的形成，但恩氏否认这些价值成份可以从人的生物学过程中揭示出来，这种否认是错

① Frederik Kaufman. Disease: Definition and Objectivity, *What Is Disease*? . Humana Press, 1997, p274.

② 〔美〕恩格尔哈特：《生命伦理学基础》，范瑞平译，北京大学出版社 2006 年版，第 203 页。

③ 〔美〕恩格尔哈特：《生命伦理学基础》，范瑞平译，北京大学出版社 2006 年版，第 206 页。

④ 〔美〕恩格尔哈特：《生命伦理学基础》，范瑞平译，北京大学出版社 2006 年版，第 201 页。

误的。①

针对列诺克斯的批评，恩格尔哈特做出了回应。他认为，“遵循康德认识论并不是说人们可以按照自己的理论希望来随心所欲地创造一个世界，而是说一些基本概念构成了经验知识之成为可能的必要条件。没有一些先验的基本范畴，诸如实体、因果等，任何经验知识都是不可能的。……强调临床医学现实的社会构造性并不是否认考虑生物学事实，而是承认生物学事实并不是唯一的考虑”②。

如果说列诺克斯更强调知识的内容（生物学事实）是客观的，那么恩格尔哈特则在承认生物学事实的同时，也让我们注意到认知的形式（主要受到历史文化的影响）是不容忽视的。恩格尔哈特之所以质疑医学知识的客观性，不是否认医学知识的对象——人的生物学事实，而是让我们关注医学知识可能存在的多样性。这种医学知识的多样性在中国和西方对医学的理解中尤为突出。

尽管面对同样的人体，中医和西医的知识体系截然不同，双方在各自的文化系统内都是合理的、有效的，但是我们无法用西方的标准来证明中医是否科学。2001 年上映的电影《刮痧》就是一个中国文化影响下的医学和西方文化影响下的医学相互对抗的例子。当我们对同一种疾病的理解存在差异的时候，哪一种医学更合理？哪种治疗措施更可取？如果这些问题无法解决，医生的权威就是应该受到怀疑的。

综上可见，医学知识并不是中立的、纯客观的描述，它们总是受到不同科学共同体所处的历史和文化因素的制约。如果正确的医学知识是正确的道德判断的基础，那么医学知识的多样化解读也会影响医生的权威。

第二节　医生权威的批判性审视

一般而言，医生和患者对医学知识的把握是非对称性的。基于系统的学习、考取执业医师资格且临床经验日益丰富的医生，被认为是医学知识的代

① 参见李一平：《关于道德的多元化——就〈生命伦理学基础〉与恩格尔哈特的对话》，《医学与哲学》1997 年第 8 期，第 429 页。

② 李一平：《关于道德的多元化——就〈生命伦理学基础〉与恩格尔哈特的对话》，《医学与哲学》1997 年第 8 期，第 430 页。

言人。而患者对医学知识的欠缺造成了患者的被动地位。所以，通常情况下，患者会严格执行医生的医嘱。很多学者对医生的权威做出了阐述，如许志伟教授认为，"19 世纪至 20 世纪初科学实证主义形成的种种错误观念一直统治着西方世界：科学事实与道德价值是界限分明的两回事，二者不能也不会混淆；而且，科学是客观的、实在的，所以有权威性，而伦理或价值是相对的、往往因人而异的，不具权威性。故此，科学事实高于一切，道德与价值不受重视。由以上观念延伸下来的结果是，认为科学与医学既是权威科学，那么科学家与医学家也是权威的。他们既然能够在科学及医学领域作出决定，那么对于解答科学及医学引发出来的价值和伦理问题自然也有同样的权威"①。

由于医学知识并不是中立的、纯客观的描述，所以对于医生的权威，恩格尔哈特并没有完全接受。他认为，这种忽视患者意愿的家长行为仅适合于没有行为能力的个体。这里，没有行为能力的个体分为两类：一类是那些从未有过行为能力的个体，诸如婴儿、幼儿、先天的严重智力障碍者等；另一类是那些一度有行为能力但在丧失行为能力之前未能提前提示应该如何治疗他们的人，如没有预立遗嘱而成为植物人或昏迷的成年人。

对于第一类人，家长主义②是不可避免的。"父母保护其没有行为能力的孩子的最佳利益乃是这种家长主义的一个良好例证。它可以根据行善原则来得到辩护，并且不会受到允许原则的限制。"③ 古典自由主义者密尔对于未成年人的社会干涉也提供了论证，"社会在人们存在的全部早期当中是有绝对的权力来左右他们的：人们有着整个一段的儿童时期和未成年时期可以由社会来尝试是否能使他们在生活中有能力做合理的行为。现在的一代对于未来的一代，既是施行训练的主持人，也是全部环境的主导者。诚然，这一代不能使下一代的人们成为十分聪明十分好，因为它自己正是这样可悲地缺短着善和智；而它的最好的努力在一些个别情事上也不见得是最成功的努力；但是它总还完全能够使方兴的一代，作为一个整体来说，成为和它自己一样好，

---

① 〔加〕许志伟：《生命伦理——对当代生命科技的道德评估》，朱晓红编，中国社会科学出版社 2006 年版，第 2 页。

② 《牛津英语辞典》把家长主义定义为"家长式的管理原则和做法；像一位父亲一样来统治的政府；像一位父亲对待其子女一样来为一个民族或共同体提供需要或支配生命的要求或尝试"。参见〔美〕恩格尔哈特：《生命伦理学基础》，范瑞平译，北京大学出版社 2006 年版，第 322 页。

③ 〔美〕恩格尔哈特：《生命伦理学基础》，范瑞平译，北京大学出版社 2006 年版，第 323 页。

并且还比它自己稍稍更好一些。”①

对于第二类人，家长主义也起一定作用。“在这类缺乏具体指示的情况下，其他人必须或者诉诸理性的和审慎的人（在一个具体的道德共同体内）的标准，或者诉诸由承诺了一组具体的标准和价值观念的具体共同体所制定的标准来代表那些人进行选择。”②

在医疗领域中，医生面对没有行为能力的个体时，需要和这类个体的权威代理人打交道。如果在特殊情况下，这类权威代理人不在场或缺失，那么医生就应该以权威代理人的身份行使家长的权威。这里需要注意的是，家长主义起源于父母对孩子的爱、关心和照护，这种依靠血缘建立起来的关系常常意味着家长绝不会伤害孩子的利益。为了表明医生和患者的关系如同家长和孩子的关系，西方医学之父希波克拉底宣称：“我将尽我的能力和判断力，用医术帮助病人，但是，我绝不利用它伤害或错伤病人。”③ 医生必须依据医学传统来对待患者。据史料记载，医生行医也受到特殊法规的约束：“医生按照古代名医制定的医治法行医，若病人死亡，任凭如何控告仍可无罪；反之，若违背条文，则可处死。”④ 可以说，《希波克拉底全集》中给予医生的禁令和诫条，旨在保障医学艺术的安全和保证医生职业及其开业者自己的名誉。⑤ 综上可知，医生完全依据医学传统对待没有行为能力的个体，这种家长主义是可取的。

现在的问题是，对有行为能力的个体而言，家长主义是否还适用。

恩格尔哈特将有行为能力者的家长主义分为两种形式：委托性家长主义（明确的委托性家长主义和暗含的委托性家长主义）和最佳利益家长主义。他认为，前者具有合理性，后者是应该受到谴责的。我们看一下恩格尔哈特的具体论证。

相对于医生，病人处于依赖的地位，这在心理学上似乎是事实。所以，在医患关系中，经常是明确的委托性家长主义。病人会请求医生采取医生所认为的最好的治疗形式。这时，病人已经把医疗决策的权威转让给了医生。

---

① 〔英〕约翰 · 密尔：《论自由》，许宝骙译，商务印书馆 1959 年版，第 98 页。

② 〔美〕恩格尔哈特：《生命伦理学基础》，范瑞平译，北京大学出版社 2006 年版，第 323 页。

③ 转引自〔美〕汤姆 · 比彻姆、詹姆士 · 邱卓思：《生命医学伦理原则》，李伦等译，北京大学出版社 2014 年版，第 113 页。

④ 张大庆：《中西医学伦理学史比较研究》，北京医科大学博士论文，1996 年，第 41 页。

⑤ 参见张大庆：《中西医学伦理学史比较研究》，北京医科大学博士论文，1996 年，第 52 页。

在医患关系中，有时是一种暗含的委托性家长主义。虽然病人没有明确任命医生作为他们的代理决策者，但是医生依旧应该依据医学专业标准给予病人适当的治疗。“小型的、短时的家长主义干预常常基于这种理由而得到辩护：理性的和审慎的个人不会在乎，并且事实上想要这类干预，特别是当怀疑当事人是否具有行为能力或是否完全知情时。”[①] 恩格尔哈特关于委托性家长主义的论述正如罗纳德·蒙森所言：“由于对医生的依赖，病人愿意放弃自己的某些自主。明确地或模糊地，病人同意让医生为自己做一些平时是自己作出的决定。医生告诉他吃什么喝什么，避免什么，他应该服用什么样的药物，这样的药物应该是什么样的。病人同意遵照执行，至少在他生命的一段时期是在‘医嘱’下生活，以希望自己会重获健康，或至少改善自己的身体状况。”[②]

在恩格尔哈特看来，这些形式的干预经常被看做是密尔[③]（J. S. Mill）所辩护的弱家长主义（weak paternalism，有的地方用做 soft paternalism，译为软家长主义）的例证。密尔是古典自由主义的代表，他同时也给家长主义理论留下了一定空间，以其著名的“过桥”实例来证明家长主义在某种情况下是合理的。他在《论自由》中指出，“如果大家承认对于儿童和未成年的人应当给以违背他们自己的保护，那么，对于那些虽然已到成熟年龄可是同样没有能力管治自己的人们，社会不是也同样有义务给以这种保护吗？如果说赌博、酗酒、随地便溺、游手好闲以及不讲清洁等等是和法律所取缔的行动中的多数或大多数同样有害于幸福并同样大有碍于进步，那么，法律在既合于实际可行又合于社会利便的条件下为什么不力图把它们也取缔掉呢？……总之，情事一到对于个人或公众有了确定的损害或者有了确定的损害之虞的时候，它就被提在自由的范围之外而被放进道德或法律的范围之内了”[④]。也就是说，对于那些有行为能力但是明显伤害自己或公众的人，作为旁观者，我们可以限制他们的为所欲为。

具体到医疗领域中，尽管病人是一个有普通行为能力的人，但由于病人实际上没有获悉相关医疗信息，情绪失控，没有充分理解，病人对治疗的过

---

① 〔美〕恩格尔哈特：《生命伦理学基础》，范瑞平译，北京大学出版社 2006 年版，第 326 页。

② 〔美〕罗纳德·蒙森：《干预与反思：医学伦理学基本问题》（二），林侠译，首都师范大学出版社 2010 年版，第 600 页。

③ 有时翻译为穆勒。

④ 〔英〕约翰·密尔：《论自由》，许宝骙译，商务印书馆 1959 年版，第 96、97 页。

程或结果可能缺少勇气和信心，因而在选择最合理的医疗决策方面缺乏相应的行为能力。此时，医生可以代替患者做出一些决定。在这种关系中，医生得到了很多的权利，但他也要承担很多的责任。在这种委托性的家长主义关系中，有两点需要注意：第一，医生对病人的控制不能是绝对的，病人不能变成医生的奴隶或傀儡，即医生对病人的干预仅限于与医学相关的治疗范围内。如对于非传染性的病人，医生没有权利限制其人身自由。第二，医生遵守职业规范——最大限度地恢复或改善病人的健康状况，而且如果病人获知和理解了相关的信息并且处于理智的状态下，也会基本认同医生所采取的措施。或者说，病人非常信任医生并愿意将个人的健康暂时或相当一段时间由医生负责。可见，委托性家长主义暗含着这样一个预设，即患者至少基本认同医生的医疗决策，并且医患双方可能具有相同或相近的道德传统。即便医患双方来自不同的道德共同体，如果患者愿意放弃自己的自主权，这种委托性家长主义也可以得到辩护。

由此可见，恩格尔哈特对针对没有行为能力者的家长主义和委托性的家长主义是一种肯定态度，他所要质疑的是最佳利益家长主义。

恩格尔哈特将最佳利益家长主义也称做强家长主义（the strong paternalism，有的地方用做 hard paternalism，译为硬家长主义），即在某些情形下，一个人可以不顾有行为能力者的强烈拒绝或抗议来为其获得最佳利益。这种强家长主义具有合理性吗？有学者认为，只要满足强家长主义的五个必要和充分条件，就是可行的。即 A 对 S 以家长主义方式来行动的，当且仅当 A 的行为（正确地）表明 A 相信：

1. 他的行动是为了 S 好；

2. 他有资格代表 S 行动；

3. 他的行动涉及到违背一条道德规则（或去做情境本身要求他做的事）；

4. 代表 S 来行动可以独立于 S 过去的、现在的或即将出现的（自由的、知情的）同意而得到辩护；

5. S（或许是错误地）相信他自己（S）一般来说知道什么对自己有好处。[①]

在恩格尔哈特看来，这种论证是有问题的。如果在同一个道德共同体内，

① 参见恩格尔哈特：《生命伦理学基础》，范瑞平译，北京大学出版社 2006 年版，第 328 页。

这种论证是合理的，A 遵照 A 和 S 所属道德共同体的共同善干预 S 的行为，这样可以避免 S 任性的不合乎道德传统的要求。这种情况下，强家长主义和前面密尔所辩护的弱家长主义具有相似性。但是，对于一个道德传统内出现的具有挑战性的新思想、新主张，是否应该完全漠视？难道绝对地服从传统就是对的吗？针对道德共同体内部可能存在的分歧，恩格尔哈特认为，可以诉诸共同认可的权威或圆满的理性论证来解决。由于《生命伦理学基础》关注的是道德陌生人的问题，所以没有详细展开论证如何解决道德共同体内部的分歧。事实上，要想进一步了解恩格尔哈特的思想，我们还需要深入地探讨他的另一部专著《基督教生命伦理学的基础》。在此书中，他详细探讨了约束道德朋友的共同道德。由于允许原则关注的是道德异乡人之间的分歧，所以本书对约束道德朋友的共同道德就不再展开论述。

恩格尔哈特关注的焦点是 A 和 S 从属于不同的道德共同体，这种最佳利益家长主义是否可行。如果 A 和 S 从属于不同的道德共同体，而且 S 非常清楚自己的选择必将带来的后果并能够为自己的行为负责，那么这种强家长主义在道德上将是受到谴责的。因为在第二章中，我们已经考察了理性不能提供一种大家可以接受的唯一正确的、俗世的、标准的、充满内容的伦理学，所以 A 和 S 所属的不同道德共同体所坚持的道德观无法比较优劣。而且，医学知识的建构也受到历史和文化因素的影响，某医生的医学知识与患者所信奉的医学知识可能是不同的。综上所述，对于跨文化传统的人们之间的医疗决策分歧，我们无法论证最佳利益家长主义的合理性。如果医生将自己的医疗决策强加到患者身上，那么历史上的悲剧（如二战期间德国纳粹军医的暴行）就会重演。早在 1956 年，萨斯和荷伦德在《内科学成就》中发表了一篇题为《医患关系的基本模式》的文章。根据医方权威的强弱程度把医患关系划分为主动被动型、指导合作型和共同参与型。但是，有学者揭示，“1974 年前，医生对待病人的主要态度基本上是非常不尊重病人的自主。基本的姿态就是家长式作风。医生知道什么是对病人最好的，病人所要做的就是服从”①。直到 20 世纪末，依旧有学者为强家长主义辩护，可见强家长主义的医患关系最为久远和根深蒂固，直到现代依旧产生着广泛的影响。

总之，恩格尔哈特认为，医生的权威是有限的。承认了医生权威的有限

① 〔美〕罗纳德·蒙森：《干预与反思：医学伦理学基本问题》（二），林侠译，首都师范大学出版社 2010 年版，第 628 页。

性，是否必然支持患者的自主性①呢？医疗决策完全由患者做主是不现实的。因为没有医生的信息告知和参与，患者根本无法实现合理的医疗决策。所以，在面对道德异乡人的医疗决策分歧时，医患之间只能诉诸医患双方的共同参与。为了和平解决道德异乡人的分歧，医生应该改变传统的不尊重患者参与决策的局面。

第三节　允许原则的提出

当医生和患者以道德异乡人的身份相遇时，如何解决他们在伦理决策上的分歧呢？恩格尔哈特提供了四种可能的解决方案：强制，一派的观点转变为另一派的观点，圆满的理性论证和同意。

针对第一种路径，恩格尔哈特指出，由于许多人注意到知识具有以历史和文化为条件的特征，对医学知识的任何描述都会受到不同科学家共同体所属历史和文化的影响，所以我们无法给出一种中立的、纯描述的疾病说明。就此而言，即使医生能够提出他所认为的好的、对的医学决策，患者本人也未必就认同这种医学决策。众所周知，德国纳粹和日本 731 开展的惨无人道的人体试验②为爱好和平的世界各国人民所唾弃。采用强制的方式，实际上就是取消了伦理学。当然，恩格尔哈特也承认在有些情况下可以使用强制，决定什么情况下使用强制必须要得到辩护。如在一个道德共同体内，当患方因年龄或智力水平等因素无法形成一个合理的判断时，医生可以采用强制的方式对患者实施共同体所公认的最有利于患者的治疗。然而，对于道德异乡人，强制是不可行的。它是一种典型的伦理帝国主义，是一种不讲道理的压服方式。

至于解决医患分歧的第二种路径，情况有点复杂，因为现实中并不排除

① 西方主流意义上的自主是个人主义的或原子式的自主。事实上，所有的自主理论一致认为，有两个条件对自主而言是不可或缺的：（1）自由（独立于控制性的影响）；（2）力量（有目的行动的能力）。源自 Tom L. Beauchamp and James F. Childress. *Principles of Biomedical Ethics*. Oxford University Press, 2001, p63. 后来一些女性主义者基于关怀伦理学提出了关系型自主或家庭型自主。此处的“自主”是西方主流意义上的自主。

② 对于日本和德国的军医究竟是自愿还是被迫主持人体试验研究，还需要进一步考察。已经明确的是，以“死亡天使”门格尔为首所进行的人体试验研究是一种科学狂人的表现，没有任何限制的医学研究满足了某些所谓科学工作者的研究兴趣。医学一旦与国家的专制相结合，很可能会导致生灵涂炭。

由于分歧的一方放弃自己的立场而使得医患分歧得以化解，如医生通过劝说、教育和风险受益评估的方式说服患者改变自身的道德立场。但是，不可否认的是，希望所有的道德争端都通过这种方式解决是不现实的，因为历史和现实一再证明，各大文化传统并没有整合为一个文化传统。正如恩格尔哈特在《生命伦理学基础》的导言中所言：20 世纪，一些专制的政治领袖试图用强制手段使国家成为单一的道德共同体，但尽管经过了野蛮的镇压，多样性依然如故。所以说，强制都不能实现的事情，完全依靠个人的自觉，从一个道德共同体转入另一个道德共同体只能是偶尔的现象，不具有普遍性。

第三种路径即借助圆满的理性论证解决医患分歧。在启蒙道德工程失去合法性之后，它的不可能性已经是不言而喻的事实。因为第三种路径只能够在信仰相同的道德体系（即具有相同的基本道德预设）的人们之间行得通，但无法在信仰不同的道德体系的人们之间实行。美国关于堕胎的争议就是一个最有利的证明。在恩格尔哈特看来，启蒙运动的道德工程已经坍塌，因为诸多的争论源自各种不同的形而上学的信仰。正如麦金太尔关于流产争论的分析："每一个论证在逻辑上都是有效的，或者，很容易通过推演达到这一点；所有结论的确都源于各自的前提，但是对于这些对立的前题，我们没有任何合理的方式可以衡量其各个不同的主张。因为每个前提都使用了与其他前提截然不同的标准或评价性概念，从而给予我们的诸多主张也就迥然有别。"① 前提的不可公度性导致我们不可能拥有纯粹的理性，每个人的理性都受到其所属的道德共同体的影响。因此，理性的局限性使得人们无法在道德异乡人之间构建充满内容的系统的道德观。

在恩格尔哈特看来，唯有第四种方案是道德异乡人之间解决争端的出路：通过相互协商来解决争端，谁也不能强迫别人按照自己的道德观生活。这种观点与密尔所辩护的自由一脉相承。"唯一实称其名的自由，乃是按照我们自己的道路去追求我们自己的好处的自由，只要我们不试图剥夺他人的这种自由，不试图阻碍他们取得这种自由的努力。每个人是其自身健康的适当监护者，不论是身体的健康，或者是智力的健康，或者是精神的健康。人类若彼此容忍各照自己所认为好的样子去生活，比强迫每人都照其余的人们所认为

---

①〔美〕A. 麦金太尔：《追寻美德：道德理论研究》，宋继杰译，译林出版社 2003 年版，第 9 页。

好的样子去生活，所获是要较多的。”[①]

有学者是这样阐述恩格尔哈特及其思想的：“美国著名自由主义生命伦理学家恩格尔哈特在其重要著作《生命伦理学基础》中，做了全面的诠释，最终恩格尔哈特通过对生命伦理学后现代境遇的分析，推理出作为自由生命伦理学的终极伦理原则——允许原则。”[②] 当我们无法继续得到上帝的恩典，而理性又无法证明某种类型的生活是道德上唯一正确的生活时，患者对应用到自己身上的医疗措施拥有最终决定权，即医生采取某种措施时必须获得患者的允许，因为患者本人是医疗措施的直接承受者，他最关注医疗措施的收益和风险。恩格尔哈特在这里所表述的并不是推崇自主，他企图在医生的权威和病人的自主之间架起一道桥梁。在医疗决策中，无论是医生的家长主义还是患者完全自主，强调任何一方的优先性都存在着矫枉过正的风险。唯一中立的方式就是创建一个中立的框架。在医生所提供的众多方案中，由患者挑选最适合自己的方案。如果医生所提供的方案与患者的道德传统冲突，可以与医生协商修订。如果患者的建议与医生的职业传统不符，医生不愿改变医疗决策，那么患者就只能终止医患关系，再去寻找与自己道德传统相近的医生获得治疗。总之，医生应尊重患者的自主选择。

① 〔英〕约翰·密尔：《论自由》，许宝骙译，商务印书馆 1959 年版，第 14 页。

② 何伦：《中国生命伦理学与道德哲学的现代转向》，《中国医学伦理学》2007 年第 2 期，第 38 页。

第四章　允许原则的要件、论证及其意义

在无法证明自身所处的道德观是最好的前提下，为和平共处，道德异乡人之间应相互尊重彼此的文化传统和道德观，并有兴趣共同致力于解决彼此间的道德冲突，道德商谈才成为可能。由此，恩格尔哈特构建了可以超越具体的宗教、传统或意识形态的一般伦理学。这种伦理学没有具体的内容，它的核心是一条程序性规则——允许原则：涉及别人的行动必须得到别人的允许，不经别人允许就对别人采取行动是没有道德权威的，个人有权对自己施行任何自己认为适宜的道德行为。

第一节　允许原则的构成要件及允许原则的优先性

一、允许原则的构成要件

允许原则的真正实现需要满足以下条件：

第一，允许原则的参与者是具备自我意识、理性、道德感和自由的人。

美国素有自由主义的传统。美国法律和社会学教授菲利普·塞尔兹尼克认为，“在日常英语中，一个‘个体’是一个单一的人。没有任何宗教的、政治的或经济的‘个人主义’（individualism）所必需的内涵；没有任何在某种程度上是自我依赖的或依赖他人的、自治的或从属的预先判断。这种提醒是需要的，因为在现代自由主义学说中，人被认为是自由和独立的、他们是自己生活的上帝、自己意志的创造者、不受非其所选的义务的干预”[①]。可能受到康德思想的影响，恩格尔哈特也认为，人有能力解决道德异乡人之间的分

① 〔美〕菲利普·塞尔兹尼克：《社群主义的说服力》，马洪、李清伟译，上海人民出版社2009年版，第40页。

歧，即人为自身立法。那么，接下来的问题是，能够充当自己生活的上帝的人应该如何界定。

著名生命伦理学家彼得·辛格认为，可以从两种意义上使用“人”的概念，“我们可以用‘人’来指‘人类物种的成员’。某个生物是否是某个物种的成员，可以通过科学方式来予以确定，就是检查活组织细胞的染色体的性质。在这个意义上，从人的精子和卵子结合而形成胚胎的第一瞬间开始，人毫无疑问就已经存在了。同理，即使是最严重的、不可救治的智力残障者，甚至是无脑婴孩，都应该算做人。‘人’这个术语还有另一种用法，它由新教神学家和伦理问题的多产作家约瑟夫·弗莱彻（Joseph Fletcher）所倡导的。弗莱彻罗列了一系列他称做‘人性标志’的内容：自我意识、自我控制、未来感、过去感、与他人相处的能力、关心他人、交流能力、好奇心。当我们表扬某人，称她为‘真正的人’或表现了‘真正的人性’时，我们就是在这个意义上使用‘人’这个词”。① 而且，彼得·辛格将第二种用法上的人界定为“命主”。因为“按照《牛津词典》，‘命主’这个术语的现代含义之一就是‘有自我意识的或有理性的存在者’。……约翰·洛克就把‘命主’定义为‘有理性思维的、能够反思并且能够在不同的时间和地点把自己当做同一个思维者的智慧存在者’”②，所以彼得·辛格认为用“命主”这个定义接近于弗莱彻的“人”的含义。唯一不同的是，“命主”强调理性和自我意识为该概念的核心内容。

恩格尔哈特对人的理解与彼得·辛格的观点不谋而合。恩格尔哈特对参与道德商谈的人做出了如下界定：“自我意识、理性、道德感和自由这四项特征识别出了这些能够进行道德商谈、能够创造和维持道德共同体的实体。允许原则及其在相互尊重这种俗世的道德中的实现仅仅适用于这些存在者。它只关心人，人这一观念（即是一个人）是根据有能力进行通过同意来解决道德争端这种实践来定义的。”③ 范瑞平进一步肯定了恩格尔哈特的观点：“在恩格尔哈特看来，这四项特征同时也应当被视为人格的先验观念的核心。它是‘先验的’，因为它所揭示的是必要的可能性条件。只是因为存在有自我意识、理性、道德感和自由的主体，生命伦理学作为理性的事业才得以可能。

① 〔美〕彼得·辛格：《实践伦理学》，刘莘译，东方出版社2005年版，第84页。
② 〔美〕彼得·辛格：《实践伦理学》，刘莘译，东方出版社2005年版，第85页。
③ 〔美〕恩格尔哈特：《生命伦理学基础》，范瑞平译，北京大学出版社2006年版，第141页。

它是一般的，因其并非来自任何特殊的宗教或道德传统，既不诉诸创造，也不诉诸权利。如果生命伦理学能作为一种理性活动展开的话，这一人格观念就是必需的最小限度条件。”①

为了进一步澄清道德主体，恩格尔哈特区分了“人”和“人类”两个概念。成年的有行为能力的人类是人，是一种能作为道德主体的意义的人、严格意义的人；而年幼的孩子、严重智力障碍者、患有老年痴呆症者和植物人则属于人类，是社会意义上的人。“人（persons），而不是人类（ humans），乃是特殊的——至少当我们所有的道德只是一般的俗世的道德时，必是如此。成年的有行为能力的人类具有中心性的道德地位，这种地位不为人类胎儿甚至年幼的孩子所具有。”②

允许原则在俗世的道德中实现仅仅适用于严格意义上的人，并由严格意义上的人代替社会意义上的人做出决策，因为“人们可以责备和称赞成年的有行为能力的病人，因为他们既具有权利又具有义务。他们是道德主体。但人们不能责备和称赞婴儿。他们是权利的承担者，但不是义务的承担者。人们至多只能以他们的最佳利益来行动。本身是道德主体的人所具有的权利乃是一般的俗世的道德所必不可少的特征。社会意义上的人所具有的权利乃是具体的共同体来创造的”③。

在俗世社会中尊重道德商谈中单个的人的意愿，很容易使人产生误解。由于恩格尔哈特受到东正教的影响，所以他认为道德共同体对人具有约束力。如果道德商谈中的人没有特定传统的约束，就很可能会导致个人主义中的利己主义。④ 正如有学者指出，“这种‘个人主义’的原则既给人性的前途抹黑也为它添彩。自由主义的理念是有吸引力的，因为它们把人当作政治共同体的自由和平等的成员看待，而不考虑他们特别的历史或关系。这一学说加强了民主的基础，孕育了法治。然而，这种自我咨询、自我决定、自足的个人

---

① 范瑞平：《当代儒家生命伦理学》，北京大学出版社 2011 年版，第 382、383 页。

② 〔美〕恩格尔哈特：《生命伦理学基础》，范瑞平译，北京大学出版社 2006 年版，第 137 页。

③ 〔美〕恩格尔哈特：《生命伦理学基础》，范瑞平译，北京大学出版社 2006 年版，第 152 页。

④ 利己主义是只顾自己利益而不顾别人利益和集体利益的思想。利己主义是指把利己看做人的天性，把个人利益看做高于一切的生活态度和行为准则。其特征是从极端自私的个人目的出发，不择手段地追逐名利、地位和享受。追逐个人名利，历来是一切利己主义者的人生目的。参见“百度百科”之“利己主义”词条，网址为 http：//baike. baidu. com/view/636887. htm。

在道德上是短视的。责任、关怀、真实性和承诺，这些都被忽略或考虑得少了”①。

为了避免个人主义中的利己主义倾向，恩格尔哈特认为，单一的人应该在生命伦理学的两个层面上生活：一个是大家要遵守在一个大范围的世俗国家内约束道德异乡人的程序道德，即允许原则；另一个是个人应加入某个道德共同体，并遵守该共同体所认可的实质道德。有学者指出，“几乎没有人认为恩格尔哈特的思想是‘共同体主义的（communitarian）’。对生命伦理学领域中的很多人而言，恩格尔哈特被看做是一个忠诚的古典自由派和世俗的人文主义者。事实并不是这样。……我认为，如果我们认识到他著作的核心是对伦理学中现代性哲学谋划的评估，那么我们就能把他关于世俗国家道德局限的古典自由派观点与他的社群主义道德观点联系到一起”②。

第二，人应该属于某种道德共同体。

在恩格尔哈特这里，最早是用“雅皮士”代表世俗性的人。后来，恩格尔哈特觉得用“世界主义者”代表世俗性的人或许更有可取性。“在世界主义者心目中，某一家族，某一种族、宗教或者民族的资格并不具有什么实质性的意义。世界主义者是以今生今世这一意义来界定他们的价值，尤其在解释健康与幸福问题时并不参照超然性的价值观。他们甚至避开宗教上关于内在论的末世论的研究，他们强调宗教上和意识形态上的容忍与宽容，并努力追求人间善事和乐趣，以求生活的丰富多彩。”③ 在恩格尔哈特看来，在后现代主义社会里，传统信仰的消弱，从某种意义上来说，是道德上缺乏根基的表现。上帝已死，人们陷入毫无意义可言的空虚中。在这种世俗社会中，如果人们想得到丰富的道德指导以避免陷入虚无主义的境地，人就应该加入某种道德共同体。

那么，何谓道德共同体呢？让我们从恩格尔哈特对共同体的界定入手，解析他对道德共同体的理解。

---

① 〔美〕菲利普·塞尔兹尼克：《社群主义的说服力》，马洪、李清伟译，上海人民出版社2009年版，第40、41页。

② Kevin Wm. Wildes, S. J. . Engelhardt's Communitarian Ethics: The Hidden Assumptions, edited by Brendan P. Minogue, Gabriel Palmer—Fernandez, James E. Resgan. *Reading Engelhardt*. Kluwer Academic Publishers, 1997, p77.

③ 〔美〕恩格尔哈特：《生命伦理学和世俗人文主义》，李学钧、喻琳译，陕西人民出版社1998年版，第59、60页。

恩格尔哈特在《生命伦理学基础》中指出，“我用共同体表示个人们由于具有共同的具体的善观念而达成的一种联合体。我用社会这一术语表示不持有共同的具体的善观念的个人们（尽管他们可能在一起追求许多需要的目标）达成的联合体。在这种意义上社会可能包含来自许多不同的共同体的个人们。人们必须注意到，只要一个社会以共同的目标和工作把不同的共同体组合到一起，就有可能创造出一个更高层次的共同体”①。可见，“共同体”是一个相对宽泛的概念。正如美国学者菲利普·塞尔兹尼克在阐述共同体理念时所言：“就一个群体包含许多利益和活动的范围意义上，它就是一个共同体；当一个群体考虑所有人，而不只是考虑那些作出特殊贡献的人的意义上，它就是一个共同体；就一个群体共享承诺的约束和文化的意义上，它就是一个共同体。”② 具体而言，东正教信徒是一个严密的共同体，天主教信徒也是一个严密的共同体，各个派别的新教也是联系紧密的共同体，但是三者又构成了一个更高级别的共同体即基督教共同体，而且级别越高的共同体，其成员所共享的教义就越稀薄并且合作的形式就越松散。可以说，共同体是基于我们对共同的利益或共同的善而形成的一种组织，因共同目标或共同的善的多少又分为很多规模不等的共同体。

道德共同体是共同体的一种特殊类型。在恩格尔哈特这里，“活生生的道德共同体具有完整的道德传统、道德实践和关于良好生活的理解，并包含着道德权威人士和行使道德权威的人士。其成员以道德朋友身份来相遇，共同持有充分的道德前提和有关证据与推理的规则，因而可以通过诉诸圆满的理性论证或共同认可的道德权威来解决道德争端”③。恩格尔哈特所界定的道德共同体与职业的共同体（如医学共同体）或因短暂的利益而结合的共同体是截然不同的。笔者认为，恩格尔哈特对道德共同体的使用，更强调一种基于共享历史或“共同体记忆”的文化传统和道德传统。其成员建立在家族、熟人和精神信仰相同的人的基础上，成员从事不同的职业而且能够和睦相处。恩格尔哈特对道德共同体的界定可能受到他所在的东正教共同体的影响，因为恩格尔哈特是一位德克萨斯东正教徒。恩格尔哈特“确实断定了标准的、

① 〔美〕恩格尔哈特：《生命伦理学基础》，范瑞平译，北京大学出版社2006年版，第100、101页，注85。

② 〔美〕菲利普·塞尔兹尼克：《社群主义的说服力》，马洪、李清伟译，上海人民出版社2009年版，第20页。

③ 〔美〕恩格尔哈特：《生命伦理学基础》，范瑞平译，北京大学出版社2006年版，第117页。

充满内容的道德叙述，但他认识到它无法由理性来给出，而只能由恩典（grace）给出"[①]。因此，有学者认为，"恩格尔哈特所理解的共同体模式是严格道德共同体模式，在这个模式当中，谁属于这个共同体，谁不属于这个共同体有着严格的界定"[②]。

同时，恩格尔哈特还阐述了道德共同体的规模。在他看来，"要想形成一个非多元化的社会，人们必须停留在一个非常小规模的社会上，大概不能超出古希腊城邦国的范围。至少就当代国家的地理情形而言，只能如此。我们必须记住亚里士多德关于城邦国的看法（对西方影响巨大并且间接地影响了全世界），那是很小的城市并且不接受移民和任何可能破坏其文化统一性的人。道德共同体才是重要的统一性的例证"[③]。

对于道德共同体的界定，恩格尔哈特很可能受到麦金太尔的共同体思想的影响。而麦金太尔的共同体思想又源自亚里士多德的德性传统。正如有学者所言："亚里士多德认为，人是生活在共同体中的，善对于共同体的所有成员是共同的，德性是一种共同体得以建构的内在条件。而且，不同共同体内的概念和信念是不同的。基于此，麦金太尔认为，道德观念植根于一个共同体，其首要纽带是对于对人来说的善和对共同体来说的善有一种共同的认知。个体就是通过参考这两种善而确认他们的基本利益的。可见，在麦金太尔看来，个人和道德都是被置于一种具体的社会历史和政治背景中的。一种道德的谱系只能在一个共同体内有效。麦金太尔反复强调，离开我们自身所属的传统与文化，我们的道德生活会变得无法理解。"[④] 可见，只有在具体的道德共同体中，共同的善优先于个人的权利，人们才能找到生命的意义和具体的道德指导。正如菲利普·塞尔兹尼克所言："追求个人自己的守护神或自己的抱负，而不考虑他人，是某种意义上的不负责任。另外，参与共同体通常不是非理性的或自我毁灭的。相反，离开共同体的约束，理性通常是不稳定的、容易消失的。……在我们建立的友谊、我们所接受的教育、我们身在其中的

---

① 〔美〕恩格尔哈特：《生命伦理学基础》，范瑞平译，北京大学出版社 2006 年版，第 9 页。

② Kevin Wm. Wildes, S. J.. Engelhardt's Communitarian Ethics: The Hidden Assumptions, edited by Brendan P. Minogue, Gabriel Palmer—Fernandez, James E. Resgan. *Reading Engelhardt*. Kluwer Academic Publishers, 1997, p77. 转引自郭玉宇、孙慕义：《恩格尔哈特俗世生命伦理学思想之简评》，《道德与文明》2010 年第 6 期，第 59、60 页。

③ 〔美〕恩格尔哈特：《生命伦理学基础》，范瑞平译，北京大学出版社 2006 年版，第 21 页。

④ 亢丽娟：《麦金太尔走出现代道德哲学危机的尝试》，《社会科学战线》2009 年第 9 期，第 43 页。

群体和机构中并通过它们，我们制订自我保护的生活计划和理性选择。”①

至此，我们可以对道德共同体做一总结：道德共同体既可能是严格的道德共同体，如恩格尔哈特所属的东正教共同体、正统的犹太教、传统的天主教、虔诚的锡克教等，也可能是松散的道德共同体，如中国的儒家共同体。前者拥有严格的宗教仪式、宗教信仰和生活习惯。后者在表现形式上是松散的。尽管经历了批林批孔的劫难，儒家的传统仍以各种不同的形式（风俗习惯、文学影视作品等）潜移默化地影响着我们的生活。

事实上，一方面，人一出生就注定属于某个道德共同体，这种影响源自未成年时的家庭和周围环境因素的潜移默化；另一方面，由于市场经济的全球化，人员流动频繁，个人又会受到多种道德共同体的影响。无论一个人是否承认他与某种道德共同体的关系，不容否认的是，在他的成长过程中，他必然受到家庭、社会、文化等环境的影响。这种影响构成了一个人思考问题的基点，或者说是一个人精神生活的组成部分。成年后，他可能会继续坚定地维护他成长时所处的文化传统，也可能会批判地改进自身所沿袭的文化传统，还有可能背离自身的文化传统而加入另一个道德共同体。在恩格尔哈特看来，选择加入何种道德共同体应该是审慎的。那种完全以自我为中心而毫无共同体观念或共同善的个人主义不是恩格尔哈特所关注的，不属于允许原则适用的范围。

综上可见，恩格尔哈特在道德商谈中所尊重的人的决策，主要是想表明，尊重人所属道德共同体的道德传统。在这里，自由主义和共同体主义的融合成为一种可能。他认为人们应该加入某种道德共同体，但是他的表述也暴露出一丝缺憾，即如果人们不接受，他也许只能听之任之。因为他是坚决反对强制的。由于他一贯坚持的免受干预或强制的立场，为了避免其论证逻辑上的自相矛盾，对那种完全以自我为中心、毫无道德传统或道德虚无的人而言，我们依旧要尊重人的自主选择。“人具有一种独立处置的基本权利（right to be left alone）。这一权利处于俗世的道德的中心，但这并不是因为具有这一权利是一件好事，而是因为它是无法避免的，并且，当道德异乡人相遇时，它是道德权威的来源。……不管是好还是糟，人们对于他们自己具有俗世的道德权威，在与其他人进行自愿合作时也具有俗世的道德权威。对于那些认识到

① 〔美〕菲利普·塞尔兹尼克：《社群主义的说服力》，马洪、李清伟译，上海人民出版社 2009 年版，第 25、26 页。

了应该指导生活的具体的价值观念的人们来说，俗世的道德是一片道德沙漠：没有道德内容、不可能提供道德指导、却有可能导致自杀和安乐死这类严重的道德失误。”① 依据恩格尔哈特的理解，对毫无道德归属感的人而言，他要想在俗世的世界中生存，他也要遵循允许原则，即这类人怎样安排自己的生活，别人无权干涉；同样，别人怎样生活，这类人也无权干涉。最坏的结局可能会导致这类人的自生自灭。这种结果是他们自由选择的，每个人必须要为自己的决定承担相应的责任。这类人在经历别人的劝说或自身的苦难后，有可能会重新规划自己的人生。

第三，自由的和知情的同意是允许原则实现的核心。

众所周知，由于医务人员和病人对医学专业知识的掌握是不对称的，当双方相遇时，医务人员应该向病人充分告知将要采取的治疗措施以及伴随而来的重要风险或危险。这类信息的提供通常必须是明确而详尽的，以便病人对是否接受这种治疗做出合理的选择。② 正如有学者在论证康德哲学对生命伦理学的影响时所指出的：“每个人都是理性的和自主的个体。这样，他或她就被赋予了作出影响自己生命的决定的权利。这意味着，一个人有权利接受与做这样决定相关的信息，有权利面对真相，无论他会是多么地痛苦。因此，为保证治疗是正当的，个人的知情同意是必要的。”③

在恩格尔哈特看来，自由的和知情的同意可以从两个方面得到辩护：尊重个人自由和为他们获得最佳利益。他认为，“由对于医患关系的相互竞争的理解所表达出来的相互竞争的行善观都需要适应于对于参与者的相互尊重。公平的协商程序将形成解决相互竞争的观念之间的冲突的基础。自由的和知情的同意乃是这种程序的核心。个人们之间必须交流并且了解每一方所期望的东西，以便最终达到理解。医患之间的契约和护患之间的理解就是这类程

① 〔美〕恩格尔哈特：《生命伦理学基础》，范瑞平译，北京大学出版社 2006 年版，第 289 页。

② 医生将病情直接告知病人本人，尊重病人的个人自主，代表了美国的主流价值取向。但也有例外的情况，如约翰·霍普金斯大学的两位研究者在《美国医学协会》杂志上撰文认为，西方生命伦理可能伤害而不是有利于美国土著“那法赫”部落的成员。作者注意到西方生命伦理学的一个主要观点是强调将真相告知病人，不论这个真相里是否包含坏的消息，以使病人及时做出应该做的决定。美国土著“那法赫”人认为，与病人直接谈论死亡的危险，或者让垂死的病人自行选择，将提高不幸的发生率。他们始终认为，这些不利于病人的述说正是不应谈论的事情。参见丹尼尔·维克勒：《国际生命伦理学和伦理的相对性》，石大璞、喻琳译，《中国医学伦理学》1996 年第 2 期，第 3 页。

③ 〔美〕罗纳德·蒙森：《干预与反思：医学伦理学基本问题》（二），林侠译，首都师范大学出版社 2010 年版，第 609、610 页。

序的最终产物。……总之，自由的和知情的同意之所以具有根本的道德重要性，乃是因为概念性困难（即理性没有能力有权威地确立一种具体的良好生活观）和历史性问题（即基督教和启蒙运动的期望的历史性崩溃——前者希望所有的人都转向一种良好生活观，后者希望用一般的理性论证来确立一种良好生活观）导致了如何在一个俗世的多元化社会中获得道德权威的思想性问题……当这类权威无法被发现时，当一个人无法决定必须做什么事时，他就一定要询问所涉及的自由的个人们想要做什么并等待他们达成同意，以便具有道德权威地进行和平的行动”①。从某种意义上来说，恩格尔哈特对自由的和知情的同意的强调是重申了医疗领域中知情同意的重要性。1946 年，针对纳粹医生的《纽伦堡法典》公布了人体试验的基本原则。首要原则即“受试者的自愿同意绝对必要。这意味着接受试验的人有同意的合法权力；应该处于有选择自由的地位，不受任何势力的干涉、欺瞒、蒙蔽、挟持、哄骗或者其他某种隐蔽形式的压制或强迫；对于试验的项目有充分的知识和理解，足以作出肯定决定之前，必须让他知道试验的性质、期限和目的，试验方法及采取的手段；可以预料得到的不便和危险，对其健康或可能参与实验的人的影响。”② 1964 年世界医学会颁布的《赫尔辛基宣言》用“知情同意”代替了“自愿同意”，如第 26 条规定：在涉及有给予知情同意行为能力的人类受试者的医学研究中，每个潜在的受试者都必须被充分告知研究目的、方法、资金来源、任何可能的利益冲突、研究者所属单位、研究的预期受益和潜在风险、研究可能引起的不适、研究结束后保障以及任何其它研究相关内容。在确保潜在受试者理解信息后，医生或其他具备合适资质的人必须征得潜在受试者自由给出的知情同意，最好是书面同意。

具体来说，恩格尔哈特对自由的和知情的同意做出如下阐述：

在恩格尔哈特这里，自由有三种意思：（1）有能力进行选择。（2）不受已做的承诺或得到辩护的权威的限制。（3）没有受到强迫。③ 换句话说，道德主体一定要有能力理解和辨识想要做的行动的意义和结果，并自愿承担相应的后果；不受以前对别人做出的承诺的阻碍；由于个人是道德权威的来源，

① 〔美〕恩格尔哈特：《生命伦理学基础》，范瑞平译，北京大学出版社 2006 年版，第 290、291 页。

② 参见“百度百科”之词条“纽伦堡法典”，网址为 http：//baike. baidu. com。

③ 参见〔美〕恩格尔哈特：《生命伦理学基础》，范瑞平译，北京大学出版社 2006 年版，第 307 页。

任何在强迫[1]情况下得到的同意都没有约束力。

恩格尔哈特又分析了知情的三种意思。由于他没有清晰地划分三种意思的标志，依据笔者个人的理解，归纳如下：

1. 他分析了三种提供信息的标准，即专业标准、客观标准和主观标准。专业标准是医学专业共同体通常所提供的那些信息，所提供的信息量是一种医学判断或一种需要专家知识的判断。客观标准是满足理性的和审慎的人的信息需要，即向病人说明将要采取的程序，"告知他内在于或伴随于治疗的任何重要风险或危险，以使得病人有能力对于是否放弃这种治疗做出理智的和知情的选择"[2]。主观的标准是"医生应该提供同一位具体病人的选择相关的任何信息。如果一位病人神经质地认为自己会得癌症或变成瘫痪，那么医生就有义务提供有关这些风险的信息，即使风险是如此之小以致理性的和审慎的人不会对它们做认真考虑。……在法律上，这种解释将对医生构成一种严重负担，他们需要表明他们满足了具体病人的担忧"[3]。如果告知患者的信息可能会引起患者的严重不安或事实上会严重伤害患者，应该怎么办呢？恩格尔哈特提到了治疗特权。他认为，"治疗特权可以被解释为一种形式的急诊。在急诊情况下医生一般来说可以免于得到同意，因为为得到这类同意而做的延迟将会导致死亡或永久性的机体和精神损害。……如果有人高度珍重自由，道德问题就显露出来。那些富有激情地关注自我决定的人可能期望得到全部信息，哪怕这有可能损害他们自己"[4]。换句话说，如果患者执意要求医生告知可能引起自身严重不安的信息，医生在劝说无效后，也只能尊重患者的决定并提醒患者做好承担不良后果的心理准备。可见，恩格尔哈特充分尊重患者的自主决定权。

2. 知情是一种权利。在恩格尔哈特看来，患者与医生的关系会形成两种类型。有些人期望在治疗中与医生充分合作，希望医生告知自己可能会面临的治疗等相关信息；有些人却愿意把自己的生命健康托付给一位信得过的医

---

① 这里的"强迫"不仅仅指直截了当的暴力威胁，而且欺骗、打破契约的威胁或不提供应有的信息的做法都被视为未经同意的和未经辩护的强制来对待无辜者。〔美〕恩格尔哈特：《生命伦理学基础》，范瑞平译，北京大学出版社2006年版，第309页。此处的"欺骗"与知情的第三种意思即适当的欺骗或隐瞒有本质的区别。这里的"欺骗"绝不是为了维护患者所认可的最佳利益，而是医生所认可的最佳利益。

② 〔美〕恩格尔哈特：《生命伦理学基础》，范瑞平译，北京大学出版社2006年版，第315页。

③ 〔美〕恩格尔哈特：《生命伦理学基础》，范瑞平译，北京大学出版社2006年版，第316页。

④ 〔美〕恩格尔哈特：《生命伦理学基础》，范瑞平译，北京大学出版社2006年版，第319页。

生（委托性家长主义）。针对前一种病人，恩格尔哈特阐述了三种告知标准。针对后一种病人，在他看来，“知情权利不是一种知情义务。这一权利也没有在医生一方创造出压倒一切的提供信息的义务。……自由的和知情的同意这一目标不应该是强迫病人在他们的医疗选择中成为自主的，而是应该为他们提供自主的机会”①。也就是说，患者可以选择要求医生告知相关的信息，也可以选择拒绝医生对相关信息的解释。总之，对患者而言，知情是一种权利，而不是一种不得不接受的义务。

3. 适当的欺骗或隐瞒是可以得到辩护的。这里预设了一个前提，即适当的欺骗或隐瞒一定是为了维护患者的最佳利益。恩格尔哈特举了一个例子：如果在急诊情况下，手边没有止痛药可用，那么注射葡萄糖静脉点滴，同时郑重宣称“随着这些液体进入你的静脉，你的疼痛就会减轻”，这并不是欺骗。如果先讲一番安慰剂效应的初步知识，然后请求允许使用它，这就不仅是自我欺骗而且是荒谬绝伦了。这种说明情况并不是允许原则所要求的，而且肯定违背了行善原则。在恩格尔哈特看来，任何欺骗和任何讲真话都是境遇性的，在医学中也不例外。②

综合以上的分析，可见当医务人员与病人作为道德异乡人相遇时，由于不存在一种权威性的良好生活观和具体的医学目标，人们就需要创造出共同的理解。所以，道德异乡人之间自由的告知和交流就尤为重要。当然，这种告知和交流需要克服时间、病人的理解能力和心理素质等诸多方面的障碍，除非病人放弃这种告知和交流的权利。只有遵循了自由的和知情的交流之后，病人才可能做出真正的同意或拒绝。

二、允许原则与行善原则、正义原则的关系

在恩格尔哈特看来，允许原则相对于行善原则和正义原则而言，具有优先性。这种理解一定程度上了克服了“四原则说”在处理道德异乡人分歧上的不确定性。具体论证如下：

第一，道德异乡人之间的合作必须是在个人允许的约束下行善的实践。

关于道德异乡人之间的冲突，在恩格尔哈特看来，主要是允许原则与行

① 〔美〕恩格尔哈特：《生命伦理学基础》，范瑞平译，北京大学出版社 2006 年版，第 317 页。

② 参见〔美〕恩格尔哈特：《生命伦理学基础》，范瑞平译，北京大学出版社 2006 年版，第 320、321 页。

善原则之间的冲突。具体来说，面临的冲突主要有以下两种：第一，医生认为某行为是好的，患者认为某行为是不好的，医生在没有患者允许的情况下，能否强行实施某行为？第二，医生认为某行为是不好的，患者认为某行为是好的，两人均认为“每个人有权利实施对自己有益的行动”，医生是否应该帮助患者实现某行为呢？这两种冲突中，需要说明的是，冲突的起因是由各自的信仰和风俗习惯造成的，而非人们的医学认识水平引起的。① 例如，耶和华见证派的患者认为输血是罪恶，因为违背了他们的信仰；而医生则认为输血是正当的，因为只有这样才可以挽救患者的生命。

针对道德异乡人的第一种冲突，恩格尔哈特明确表达了自己的观点：由于在不同的善恶观之间存在着冲突，一个人认为应当向别人提供的好处经常会被别人看做是一种伤害。所以，允许原则禁止一个人对别人去做他认为是好的而别人认为是有害的事情。换言之，每个人都不能将个人对良好生活的具体理解专制性地强加到别人身上。“违背这种权威的行动是应受责备的，因为违背者已把自己置于一般的道德共同体之外，并使得别人的报复性的、自卫性的或惩罚性的强制手段成为正当的。”②

针对道德异乡人的第二种冲突，恩格尔哈特认为，“如果一个人试图以别人认为是好的而不是以自己的道德共同体认为是好的事情来对待别人的话，行善义务的意思就减弱了。……它强调一个人没有义务向别人提供一种帮助，如果他发现那种帮助违背行善原则的话。这里我用不作恶原则表示不要伤害另一个人，哪怕他不反对你那样做（或许还会同意你那样做）”③。可见，在恩格尔哈特看来，一个人没有义务帮助别人实现别人认为是好的而自己认为是不好的事情。也就是说，医生没有义务总是满足患者的要求。

恩格尔哈特对冲突的论证表明，医生不可以将自己的价值观强加到患者的身上，患者也不可以将自己的价值观强加到医生的身上。要化解允许原则

---

① 李瑞全教授对医学领域中道德争议的划分如下：一切的道德争议，可以大体分为对相关事件的不同认知上的差异和不同的道德观点的分歧。认知方面的差距也许可以通过不断的研究和沟通而达到某种合理的共识，诸如胚胎如何成长，何时出现各种官能，但在价值认同上则很难达成共识。不同的道德观点又常是一种世界观的反映，双方宛若生活在两个不同世界中，彼此没有交集，不能共量。参见李瑞全：《儒家生命伦理学》，鹅湖出版社1999年版，第9页。笔者认为，恩格尔哈特所探讨的道德分歧属于李瑞全教授道德争议的第二种情况。

② 〔美〕恩格尔哈特：《生命伦理学基础》，范瑞平译，北京大学出版社2006年版，第124页。

③ 〔美〕恩格尔哈特：《生命伦理学基础》，范瑞平译，北京大学出版社2006年版，第114、115页。这句话中的“它”指的是“不作恶”。

和行善原则之间的冲突，恩格尔哈特提出了一种可能性，即“对别人去做别人认为的好事”。换句话说，“一个人有义务或最好对别人去做别人认为的好事，只是根据这个人自己的道德感这件事总的看来不是坏事”①。道德共同体不可能对所有临床伦理问题都有详细的规定，所以这就为化解两种道德共同体之间的分歧提供了一定的空间。如果对于一个具体的生命伦理学问题，如堕胎，两种道德共同体的观点是鲜明的、截然相对的，那么“对别人去做别人认为的好事”就是一个不可能完成的事情。

总之，在恩格尔哈特看来，行善原则的具体实施需诉诸具体的道德感，允许原则的实施没有这方面的限制；违背具有实质内容的行善原则只是被一个具体的道德共同体排除在外，而违背允许原则会成为任何道德共同体的敌人。因而，允许原则对行善原则而言，具有优先性。

第二，正义原则应以允许为基础。

正义原则和允许原则相比，哪一个更具有优先性呢？恩格尔哈特为了论证这个问题，比较了两种典型的正义观，即罗尔斯的《正义论》和诺齐克的《无政府、国家和乌托邦》对正义或公平的不同理解。

我们首先考察罗尔斯的正义论阐述。罗尔斯正义论的出发点是，人们的生活前景受到政治体制、经济体制和社会条件的限制和影响，也受到人们出生伊始所具有的不平等社会地位和自然禀赋的深远影响，然而这种不平等却是个人无法选择的。因此，罗尔斯试图创建合理的社会制度来处理这类不平等因素对人们生活的影响，于是构建了他的“作为公平的正义”理论。罗尔斯设想了“无知之幕”下的原初立约者将会同意的、应该算做基本的社会好处的正义分配原则，即他提出的两个正义原则：“第一个原则是平等自由的原则，第二个原则是机会的公正平等原则和差别原则的结合。其中，第一个原则优先于第二个原则，而第二个原则中的机会公正平等原则又优先于差别原则。这两个原则的要义是平等地分配各种基本权利和义务，同时尽量平等地分配社会合作所产生的利益和负担，坚持各种职务和地位平等地向所有人开放……任何人或团体除非以一种有利于最少受惠者的方式谋利，否则就不能获得一种比他人更好的生活。”② 可以看出，罗尔斯的正义论具有一种平等主

① 〔美〕恩格尔哈特：《生命伦理学基础》，范瑞平译，北京大学出版社2006年版，第115页。

② 〔美〕约翰·罗尔斯：《正义论》，何怀宏、何包钢、廖申白译，中国社会科学出版社1988年版，译者前言第6、7页。

义的倾向。在恩格尔哈特看来，罗尔斯的正义论思想深刻影响了医疗保健资源的合理分配。"罗尔斯正义论中的医疗保健的定位是至关重要的，因为它决定了平等获得医疗保健的义务的道德迫切性。"① 西欧和北美的医疗保健就是在这种平等医疗保健的理念下形成的。

诺齐克针对罗尔斯的预设提出了质疑，即如果人们实际上的确是拥有某些东西的，那么人们为什么应该假定这样一种超历史的观点。如诺齐克所言："人们谈论分配的正义，就好像有一些东西现成地放在那里，或一个馅饼会从天而降，由人们根据某种原则或标准来分配。他们没有考虑待分配的东西是从哪里来的。实际情况是，一个社会中的种种财产、资源已经被人们控制或拥有（hold），关键问题是这些财产和资源是不是真正属于有权利（beentitled）拥有他们的人。因此，正义原则不是关于分配的正义，而是关于拥有的正义。"② 在诺齐克看来，正义的首要主题不是权利的社会分配，而是个人权利的保障。他的"最低限度国家"包含两个基本要点：第一，国家不可为达到使某些公民帮助他人的目的而使用其强迫性机制；第二，国家不可为了一些人自己的利益或自我保存而禁止另一些人的活动来使用其强迫性机制。也就是说，国家不得利用其权力机构强迫一些公民成为另一些公民的工具，也不能以同样的方式为了部分公民的利益而强行对另一些公民进行不合法的约束。③ 可见，诺齐克认为，每个人的权利都是神圣的，因此国家不能为了缩小贫富差距，强迫财物的拥有者放弃自己的权利而沦为弱势者追求幸福的工具。

与罗尔斯为分配资源所提供的超历史基础的分配正义观不同，诺齐克为正义提供了一种历史的说明："他假定（1）道德的条件是相互尊重，和（2）人们在任何具体的社会之前实际上已经拥有了东西。因而，正义的原则乃是正义的获得原则、正义的转让原则和对过去的获得或转让中的不正义的报偿原则……在诺齐克看来，自然运气和社会运气造成的结果可能是不幸的，但

① 〔美〕恩格尔哈特：《平等之后：一些关于医疗保健筹资的批判性反思》，郑林娟译，《医学与哲学》2012 年第 3 期，第 3 页。

② 徐友渔：《评诺齐克以权力为核心的正义观》，《中国人民大学学报》2010 年第 1 期，第 2、3 页。

③ 参见万俊人：《现代西方伦理学史》（下卷），中国人民大学出版社 1992 年版，第 971 页。

不是不公平的，只要它们未受不能得到辩护的强制、强迫或欺诈的影响。”① 在诺齐克这里，“把正义的分配看作是那些在不违背财物拥有者的自由选择的情况下出现的分配”②，即任何看做正义的分配，即便是有利于最少受惠者的最大利益的分配，也应该征得财物拥有者的同意。否则，这种分配就没有权威。

可见，两位学者关于正义的基本预设是截然不同的：罗尔斯侧重平等，而诺齐克侧重个人权利。通过对两者的分析，恩格尔哈特更偏向于诺齐克的观点，理由如下：第一，在俗世的道德世界中，医疗保健政策的权威应该来自个人的同意，而不是来自某种理性的、有权威的正义观或公平观。正如本书第二章所论证的，由于道德多元化的现状，理性不可能构建一个大家普遍认可的、系统的、有内容的道德共识，所以只能得出一个程序性的道德共识，即允许原则。同样，人们对正义的理解也是见仁见智。罗尔斯无法在跨文化的背景下证明他的正义论最具有合理性，因为不是所有的人都接受他关于原初状况的预设。第二，平等地获得医疗保健，似乎是每个人的期望，对社会的弱势人群而言尤为迫切。但是，恩格尔哈特对这种基于平等倾向的医疗保健表现出深刻的忧虑，如他所言：“西方社会民主国家的平等主义和个人主义思想的承诺蒙蔽了决策者所面临的困难，这种困难植根于与医疗保健相关的大量西方生命伦理学话语的平等承诺。绝没有政体能够给所有的公民提供最好的护理、平等的保健和选择供应商的同时还能保持财政上的可持续。可持续的医疗保健系统必须认识到，他们能提供的最好的安全网络是一个有限，而不是最好的基本医疗保健。鉴于人类的局限所设定的限制，针对西方医疗保健分配的社会民主论述的思想基础需要审慎地加以修正。”③ 可以说，西方社会福利国家以平等为基础的医疗保健在财政上是不可持续的。同时，这种平等主义严重制约了拥有者的自由，如恩格尔哈特所言：“私人无法拥有医疗资源，或未被承认是私有，而被视为是公有的，作为一个公共资源，在人人平等享用时，这一事态会进一步复杂化。企图强行降低医疗水平的平等主义（即强制性限制购买更好的基本医疗服务），使这种享有权制度的困难更加复

---

① 〔美〕恩格尔哈特：《生命伦理学基础》，范瑞平译，北京大学出版社 2006 年版，第 397、398 页。

② 〔美〕恩格尔哈特：《生命伦理学基础》，范瑞平译，北京大学出版社 2006 年版，第 122 页。

③ 〔美〕恩格尔哈特：《平等之后：一些关于医疗保健筹资的批判性反思》，郑林娟译，《医学与哲学》2012 年第 3 期，第 1 页。

杂化。”① 综上可见，恩格尔哈特支持建立在权利之上的多级医疗保健制度，政府干涉人们购买较好的医疗服务是没有权威的。

总之，通过分析允许原则的构成要件和论证允许原则的优先性，可以看出允许原则比“四原则说”在解决具体问题方面更具优势。第一，两种理论均致力于解决生命科学和卫生保健领域中的道德分歧。比彻姆和邱卓思立足于现代性从而构建了有实质内容的道德共识，而恩格尔哈特立足于后现代并构建了没有道德内容的程序共识。恩格尔哈特将道德分歧的双方分别在道德朋友之间和道德异乡人之间进行探讨，在一定程度上弥补了前者的局限性。恩格尔哈特认为，一种充满内容的、系统的道德共识只能存在于道德朋友之间，对道德异乡人而言根本不存在有实质内容的、系统的道德共识。对持有不同伦理价值观的人而言，我们所能构建的只能是抽空内容的、纯粹形式化的、程序性的原则。不可否认，对不同道德传统的人们而言，肯定有一些有内容的、零散的道德共识，如不杀人、不说谎、不偷盗等。恩格尔哈特也不否认这一点，但他的关注点是如何解决具有不同道德传统的人们之间存在的道德差异。在不同道德共同体之间的有内容的道德共识非常稀薄的情况下，构建一个程序性的原则是非常必要的。第二，比彻姆和邱卓思构建四原则的方法具有多元论方法固有的局限性。他们综合自上而下的演绎主义和自下而上的归纳主义，并运用罗尔斯所谓的反思平衡方法以达到各道德信念的融贯一致。“四原则说”对指导实践具有不确定性。恩格尔哈特的允许原则采用一元论方法。他虽然没有明确告诉我们哪种道德生活是值得我们过的生活，但他的理论超越了不同的文化传统、意识形态、道德理论和宗教信仰之间的差异，为解决行善原则和自主原则的冲突，在生命伦理学领域中提供了简便易行的临床决策路径。

第二节　允许原则的意义

恩格尔哈特在道德多元化和理性局限性的条件下，为解决不同道德共同体之间的道德分歧提出了允许原则，符合当代多元的、复杂的和混乱的生命

① H. Tristram Engelhardt, Jr:《有限性财政支持和负责任的选择：福利国家后的卫生保健》，张殿增译，《中国医学伦理学》2007 年第 6 期，第 10 页。

伦理学现状，而且这个原则并不局限于生命伦理学领域，还可以为全球化进程中不同文化之间的对话、不同政治争端的解决提供指导。这种思想对于医学界占统治地位的家长主义医患模式是一个巨大的冲击，它迫使医务工作者和政府决策者必须正视患者的意见。以此观之，可以清楚地看出恩格尔哈特的允许原则在医疗实践中的直接价值和意义。

首先，恩格尔哈特确立了针对道德异乡人的正确的道德箴言："人所不欲，勿施于人"。如果说"己所不欲，勿施于人"适合于同一道德共同体，而且是从"我"的角度思考问题的话，那么"人所不欲，勿施于人"则适合于道德异乡人之间，而且是从对方的角度看问题。恩格尔哈特的道德箴言一方面强调医生和政府家长主义的限度，另一方面也暗含着每个人应肩负个人的健康责任。

其次，政府应发挥引导和监管的责任，尽量减少政府对个人生命权和健康权的限制。在恩格尔哈特看来，宪政民主下的国家应该是一个有限的政府。"宪政民主制在道德上是中立的。它们无法获得权威来确立一种具体的道德观、宗教或意识形态。给定我们的理性无法发现合理的、标准的、充满内容的道德观这一事实，想要把一种道德或意识形态确立为政府的具体道德或道德观，就像是想要确立一种具体的宗教一样，无法获得俗世的权威性。因而，宪政民主制在道德上承诺了不去承诺一种具体的善恶观；相反，它只是作为一种社会构造，通过这一构造及其保护，个人们和共同体们能够追求他们自己的各不相同的善恶观。"① 也就是说，国家应该为医患双方的和平交往创造一个外部环境。国家的权威不能延伸到控制个人之间相互同意的和平行动上来，而只能去做维护允许原则的活动。

恩格尔哈特认为，把国家的道德权威同强盗的野蛮行径区分开来的最后根由只能是公民对政府行动的认同。正如康德所言："一个民族对于自己都不能颁布给自己的东西，一个君主就更不可能颁布给他们了，因为他的立法权威是以他把全体公众的意志联合到他自己的意志之中为基础的。"②

再次，宽容其他道德共同体中人们审慎的、理性的决定。

---

① 〔美〕恩格尔哈特：《生命伦理学基础》，范瑞平译，北京大学出版社 2006 年版，第 121、122 页。

② 〔德〕伊曼努尔·康德：《道德形而上学基础》，孙少伟译，九州出版社 2007 年版，第 179 页。

恩格尔哈特是一位德克萨斯东正教徒。他坚定地相信，除非出于上帝的怜悯，那些接受人工流产和安乐死的人都将面临着遭受地狱的永恒烈火焚烧的危险。尽管他知道俗世的道德权威无法合理地禁止海洛因买卖、人工流产、盈利性的安乐死服务和商业性代理母亲，但是他坚定地认为所有这些事情都是错误的。① 依据允许原则，我们无法干预道德异乡人的基于文化传统的审慎的、理性的决定，只能放任这种行为的发生。这不仅涉及尊重一个民族的文化，有时也涉及尊重一个国家的主权。

最后，通过对话、交流、劝说来影响道德异乡人的道德观。

宽容道德异乡人的行为，并不意味着我们无所作为。通过与道德异乡人的对话、交流、劝说等，让他们明白某种行为的合理性可能是值得怀疑的，人们还可以以另一种方式生活。正如密尔所言："个人的行动只要不涉及自身以外什么人的利害，个人就不必向社会负责交代。他人若为着自己的好处而认为有必要时，可以对他忠告、指教、劝说以至远而避之，这些就是社会要对他的行为表示不喜或非难时所仅能采取的正当步骤。"② 创造百家争鸣、百花齐放的舆论氛围，启蒙人们的心智，促进他们或我们自身做出更合理的选择。

除了在医疗实践中产生的直接价值和意义，若从更为宽泛的文化意义上来说，特别是从多元文化并存及异质文化交流的角度来看，允许原则还有超越了单纯生命伦理学视域的普适的价值和意义，并可以适用于不同文化、文明之间的对话与沟通、理解与合作。我们可以把这种价值和意义归纳为如下三个方面：

第一，恩格尔哈特能够超越自身东正教的立场，站在各个共同体之上看待人们之间的争议，并构建了一个中立性的道德框架——相互尊重、平等协商。这有利于全球范围内道德异乡人之间的和平合作。这也是他构建世界共同体的积极探索。

第二，恩格尔哈特反对将西方的价值观作为普适的伦理观，而且他充分尊重各个国家和民族的文化传统。在他看来，全球伦理在西方是一种很强势的观念。有一些欧洲人受到启蒙主义的影响，总认为他们是唯一正确的。亨

---

① 参见〔美〕恩格尔哈特：《生命伦理学基础》，范瑞平译，北京大学出版社 2006 年版，导言第 9 页。

② 〔英〕约翰·密尔：《论自由》，许宝骙译，商务印书馆 1959 年版，第 112 页。

廷顿在其著作《文明的冲突与世界秩序的重建》中也揭示了这种现象："西方，特别是一贯富有使命感的美国，认为非西方国家的人民应当认同西方的民主、自由市场、权力有限的政府、人权、个人主义和法治的价值观念，并将这些价值观念纳入他们的体制。……西方人眼中的普世主义，对非西方来说就是帝国主义。"① 恩格尔哈特的立场正好与美国的主流观点背道而驰。

第三，恩格尔哈特对道德分歧的强调，让我们看到多数派的民主决策机制的局限性。他的思想表达了少数派对自身利益的维护。可能受到密尔的"多数人的暴政"的影响，恩格尔哈特主张在仅涉及个人重大利益而没有对他人造成伤害或仅有细小伤害时，个人对自己的生命应该拥有最终决定权。

当然，允许原则不是一个完美无瑕的原则，它不可能解决所有的生命伦理问题。例如，如何分配稀有的人体器官。这样看并不会抹杀允许原则所应具有的价值。笔者认为，针对道德异乡人的道德分歧而言，恩格尔哈特给出了一个非常圆满的论证，即为道德异乡人的和平合作奠定了道德基础。

第三节　对允许原则及其论证的评价

一、不同学者或派别对允许原则的评价

恩格尔哈特的允许原则提出之后，引起了广泛的关注和极大的争议。大量书评和援引见诸于各类哲学和医学文献中。

第一，对允许原则作用的质疑。

作为恩格尔哈特20年的同事和朋友，比彻姆对恩格尔哈特的允许原则做出了毫不留情的学术质疑和批评。比彻姆的批评大致包括以下三点：第一，他认为恩氏的《生命伦理学的基础》没有提供基础。第二，恩氏认为，行善原则必须从属于允许原则。前者只在具体的道德传统或道德共同体内有效，而不具备普遍的道德规范力量。比彻姆论证说，这种观点过分缩减了道德的形象。第三，恩氏学说所提供的规范内容太弱，不足以指导公共政策的制定。在比彻姆看来，恩氏体系中的允许原则过于一般，其他原则（例如行善原则）

① 〔美〕塞缪尔·亨廷顿：《文明的冲突与世界秩序的重建》，新华出版社2010年版，第161、162页。

又处于从属地位，这样一个理论是无助于公共政策制定的。许多问题，诸如毒品走私、医疗保密、医疗资源分配、受试者保护等，都需要伦理学的指导。① 与比彻姆的质疑相似，有学者引用了美国《医学与哲学》杂志创办人、美国医学人文领域的开拓者和奠基人佩里格里诺的评价，“试图采用程序性的模式提供一个没有实质内容的伦理学，即回避概念之争，强调解决道德问题的方式。这种模式遭到佩里格里诺强烈的批判。对于生命伦理学来说，程序公正是需要的但还不够。道德反思的目的是‘善和正确的行为’，而不只是程序”②。

针对比彻姆的三点批评，恩格尔哈特做出了相应的回答：第一，我们必须要认真对待当代的道德多元性。由于不同的道德共同体信奉不同的道德内容，承诺不同的道德前提，所以我们不可能建立一门有实质内容的、统一的生命伦理学。他认为，每个人都应以博大的胸怀去过两种类型的道德生活：一方面，按照自己的道德信仰去生活、去影响和劝说别人；另一方面，以宽容的态度去对待自己认为错误的行动，而不用强制手段去对待别人。第二，绝大多数道德传统和道德学说都包含着某种具体的行善原则，但这些行善原则具有不同的内容。不错，它们可能包含不少一致之处。但在许多关键问题上，它们存在着本质的区别。因而，行善原则必须置于允许原则之下。第三，当代公共政策往往反映一部分强权人物的道德观点，并把他们的观点强加于别人头上。例如，美国政府不允许人们购买和使用海洛因来控制晚期癌症的疼痛，谁给了政府这样的权力？在当代多元化的道德境遇中，人们对伦理学问题具有不同的意见。制定公共政策必须基于不同意见的人们之间的相互尊重、协商和同意，而不能把一派人的意见强加于另一派人身上。那样做就是滥用了国家权威，超出了理性的辩护范围。③ 在恩格尔哈特看来，允许原则克服了比彻姆和邱卓思的“四原则说”内在的冲突，论证允许原则优先于有利原则和公正原则。尽管双方都对对方的论证提出批判，但是两者都属于原则主义的阵营，只是双方关注的侧重点不同：比彻姆和邱卓思关注的是如何构

① 参见李一平：《关于道德的多元化——就〈生命伦理学基础〉与恩格尔哈特的对话》，《医学与哲学》1997 年第 8 期，第 429、430 页。

② 郭玉宇、孙慕义：《恩格尔哈特俗世生命伦理学思想之简评》，《道德与文明》2010 年第 6 期，第 60 页。

③ 参见李一平：《关于道德的多元化——就〈生命伦理学基础〉与恩格尔哈特的对话》，《医学与哲学》1997 年第 8 期，第 431 页。

建有内容的道德共识，而恩格尔哈特关注的是程序性的共识。

在本书的第二章中，我们已经对道德多元化的现状和理性的有限性进行了考察。恩格尔哈特并不是不想建立一门有实质内容的、统一的生命伦理学，而是因为他认识到人们不可能建构这样的生命伦理学。那么，只能退而求其次，人们应该能够构建一个程序性的俗世生命伦理学。他并不否认，不同的道德传统之间包含着很多道德共识，但是在这些道德共识中，各个部分的排列顺序是截然不同的。他的允许原则恰恰是针对道德分歧的一种尝试性解答。

恩格尔哈特也认识到允许原则作用的局限性，并且对允许原则推导出的结论感到失望：《生命伦理学基础》“所提供的并不是那种指导作者本人的充满内容的生活的道德。它只是能够约束道德异乡人之间的道德。它是当我们来自不同的道德共同体和视界的人进行和平合作时所能持有的那一点共同的东西。”[①] 换句话说，允许原则只是人们进行和平合作的一个基本前提，充其量是明确告诉人们要尊重当事人的基于理性的、审慎的决定。至于是什么样的决定，则是由当事人所属的道德共同体来制约的。如果允许原则都不能成为各个道德共同体的共识，那么不同道德共同体对于生命伦理学领域中的道德争论甚至道德冲突将没有其他更好的和平的解决办法。

笔者认为，我们应该打破这样的幻想，即希望一种思想或理论能解决所有的生命伦理问题。正如一种药物只能解决一类健康问题并且存在适应症和禁忌症一样，允许原则也有它的适用范围。它主要是为道德异乡人的合作设定了一个程序性原则。至于制定什么样的具体的公共政策，则是允许原则之后需要进一步探究的问题。换句话说，公共政策的制定需要尊重不同的道德传统，对生命伦理问题的具体指导只能来自具体的道德共同体的指引。恩格尔哈特出版《生命伦理学基础》之后，又出版了《基督教生命伦理学的基础》，从其所属东正教的视域出发探讨当代生命伦理学的诸多问题。可见，他是一位既注重程序道德，又注重内容道德的学者。只是在他看来，只有先解决了程序道德这个基本前提，道德共同体的具体道德探讨和要求在公共层面上才是可行的，即公共政策的制定应该因道德共同体的传统差异进行因地制宜的改动。

第二，允许原则与相对主义的关系。

---

① 〔美〕恩格尔哈特：《生命伦理学基础》，范瑞平译，北京大学出版社 2006 年版，第 423 页。

上海社会科学院哲学研究所的沈铭贤教授对恩格尔哈特的允许原则也提出了质疑："按照允许原则，只要得到允许，便有了'道德权威'，便是合道德的，这样会不会导致道德相对主义呢？有些人正是这样认识和评价允许原则的，甚至认为允许原则就是相对主义的原则。"① 这里涉及两个疑问：首先，允许原则是相对主义原则吗？其次，允许原则会导致道德相对主义吗？

关于第一个疑问，恩格尔哈特非常明确地表示："我是一个绝对主义者和普遍主义者。允许原则决不是相对主义原则。就任何道德共同体都必须遵循允许原则，不能用任何理由、借口背离允许原则而言，这是一项绝对的原则。就任何人，不管持有什么道德观念，都要遵循允许原则，不能有任何例外，特殊而言，这是一项普遍的原则。"② 正是在这个意义上，恩格尔哈特论证了允许原则是我们从失败了的启蒙工程中挽回的一点值得肯定的东西。之所以有人将允许原则看做是相对主义原则，可能是因为允许原则预设了三个前提，即后现代状况下的道德多元化、启蒙运动的工程失败、人们愿意以和平的方式合作。如果人们接纳了这三个预设，那么允许原则就是普遍有效的。如果有人不接受这三个预设，那么允许原则就不适用。任何真理都是普遍性和相对性的辩证统一，允许原则也不例外。

第二个疑问，允许原则会导致道德相对主义吗？

在回答这个问题之前，我们需要区分两种道德相对主义，即"强道德相对主义"与"弱道德相对主义"。"弱道德相对主义承认道德的相对性，认为道德判断是依赖于文化传统的，并不存在永恒不变的、超越社会与历史的道德规范，但并不否认善恶是非标准的存在。而强道德相对主义则夸大了道德的相对性，根本否认善恶是非标准的存在，甚至认为我们根本不能做出道德判断。"③ 在恩格尔哈特这里，他认可的是道德的相对性，不是没有善恶标准的强道德相对主义。正如有学者所言，恩格尔哈特"采取了次级相对主义的方法。次级相对主义并不等于相对主义，相对主义是一种根本的思想理念，而次级相对主义是基于认识怀疑论基础上的；相对主义不承认任何具体内容的善，次级相对主义尊重任何一个道德共同体当中的道德前提，是在绝对主

① 沈铭贤：《我是一个绝对主义者和普遍主义者——恩格尔哈特谈允许原则》，《医学与哲学》2000年第1期，第47页。

② 沈铭贤：《我是一个绝对主义者和普遍主义者——恩格尔哈特谈允许原则》，《医学与哲学》2000年第1期，第47页。

③ 张言亮、卢风：《道德相对主义的界标》，《道德与文明》2009年第1期，第27页。

义理念支持下在操作层面上的权宜之策。”[①] 人类文明应该是一个不断进步的发展趋势。承认道德的相对性会使我们无法根除在很多道德共同体看来是落后、愚昧的恶俗，这是我们应用允许原则时不得不付出的代价。

第三，女性主义对原则主义的批评。

女性主义对原则主义的批评，主要是质疑原则主义形成的基础。女性主义拒绝把理性原则置于中心地位的传统做法，而强调人与人之间的关系、人与人之间的关心和共同体的作用。从它坚持妇女的经验和思维方式的价值这一观点来看，它对西方政治哲学的许多核心概念，如自主、平等、自由、正义和权利，都进行了重新评估。[②]

20 世纪，C. 吉利根的《以一种不同的声音》（1982）阐发了男人和女人不同的道德发展。她提出，相对于传统的强调权利和规则的正义伦理学。我们应该建立一种关怀伦理学，即以妇女为中心的伦理学。它基于妇女的经验和新的概念框架。它以女性的价值取代男性的价值，强调责任、同情和人们之间的关系。母亲性质是这种伦理学的范例。有时正义伦理学和关怀伦理学的对立被叙说成理性与情感的对立。[③]

也有学者指出，“女权主义者认为原则主义的背后隐藏着浓厚的个人主义，把权益和规则绝对化，忽略了人际关系及社群利益的重要性，生命伦理学不能简单地约化在原则主义进路中”[④]。

综上可见，女性主义的基础为关心共同体或社群利益、人际关系、妇女的经验等。至于如何解决恩格尔哈特所面对的问题，女性主义者可能也是见仁见智，还需要进一步深入的探讨。女性主义和原则主义对待同一问题的解决方案可能截然不同，恐怕不能比较优劣。

不可否认，女性主义伦理学或关怀伦理学确实为生命伦理学问题的解决提供了一个崭新的进路，揭示了原则主义固有的缺陷。任何一种解决问题的办法都有其优势和局限性，原则主义也不例外。原则主义确实给人一种冷冰

---

① 郭玉宇、孙慕义：《恩格尔哈特俗世生命伦理学思想之简评》，《道德与文明》2010 年第 6 期，第 60 页。

② 参见〔英〕尼古拉斯·布宁、余纪元：《西方哲学英汉对照辞典》，人民出版社 2001 年版，词条之“女性主义”，第 370 页。

③ 参见〔英〕尼古拉斯·布宁、余纪元：《西方哲学英汉对照辞典》，人民出版社 2001 年版，词条之“女性主义伦理学”，第 371 页。

④ 郭玉宇、孙慕义：《恩格尔哈特俗世生命伦理学思想之简评》，《道德与文明》2010 年第 6 期，第 62 页。

冰的感觉，但是原则主义提供了一种制度或秩序的合理性基础。只有在相互尊重的前提下，才能避免以暴力征服世界的做法，才能避免二战期间纳粹迫害犹太人的暴行。

二、对恩格尔哈特允许原则的论证的分析

笔者认为，恩格尔哈特的论证尚存在以下局限性：

第一，恩格尔哈特的道德异乡人和道德共同体之间的关系需要进一步厘清。道德异乡人分属于不同的道德共同体。道德异乡人就某个具体的问题是没有道德共识的，这是否可以推出两种道德共同体之间不存在道德共识？恩格尔哈特曾论证理性不能为具有不同道德传统的人们提供标准的、充满内容的、系统的生命伦理学，但是道德共同体之间确实存在一些零散的、有内容的道德共识。如儒家生命伦理学和基督教生命伦理学均认为割礼是一种残酷的习俗。由此可以得出，道德异乡人一定来自不同的道德共同体。但是，不同道德共同体的人，不见得都是道德异乡人。正如有学者认为，“恩氏将道德主体划分为道德朋友与道德异乡人是存在局限的，在两者之间应该还有一种道德主体，即道德相识人。”①

第二，父母是否真正代表了孩子的利益？

笔者将用一个案例来说明自己的批评性分析。

1986 年 4 月 3 日，2 岁的洛宾·托修晚饭吃得很少。饭后不久，他开始哭。不久，哭变成了呕吐和尖叫。洛宾生活在波士顿，该城市是创建基督教科学宗教的地方。该宗教的教义认为，疾病没有物理存在或实在；相反，疾病是缺少上帝的存在。因为上帝是全能的存在，疾病是缺少上帝、远离上帝的表现。治疗必须是在心智和精神上的，因为治疗的本质在于把某人带回给上帝。治疗就是克服恐惧、误解和无需多思维，它们阻碍与上帝建立适当的关系。当某人生病时，可能需要帮助这个人找到疏远上帝的根源。基督教科学的实践者的作用就是用讲授、讨论和祈祷来帮助生病的人发现精神上的病源。基于这种信仰，托修一家请来了一个基督教科学实践者南希·卡尔金斯来帮助洛宾。但洛宾没有好转的迹象。4 月 8 日，洛宾开始痉挛，眼睛深陷。最后，他失去了知觉。那天晚上，他死了。

---

① 郭玉宇、孙慕义：《恩格尔哈特俗世生命伦理学思想之简评》，《道德与文明》2010 年第 6 期，第 61 页。

一审法院认为，父母可以有自由成为自己的殉道者，但绝不允许他们有自由让自己的孩子成为殉道者。陪审团认定了托修夫妇有罪，法官判决他们缓刑10年。托修案的有罪判决在1993年经上诉后被推翻了，最终判决没有证实对法律造成了很多人所期望的影响。除了特殊案例外，父母的宗教信仰仍然压倒孩子们的医疗福利。①

依据恩格尔哈特的理解，严格意义上的人可以代替社会意义上的人做出医疗决策。恩格尔哈特对于代理人能否代表社会意义上的人的最佳利益表示了担忧。“有行为能力的个人经常会做出一些与其最佳利益相悖的选择。在代理人同意的情况中也会有同样的情形……这里人们就会遇到这样的冲突：是尊重代理人任性的选择还是为被代理人争取最佳利益。”② 对洛宾·托修而言，其父母必然是其代理人。如果洛宾·托修的父母不是基督教科学宗教的信徒，仍旧不为孩子寻找医生，那么在这种情况下，代理人的决策是应该受到惩罚的。

这个案例中，需要讨论的是，当面对生理上严重不适的时候，托修作为未成年人无法改变自己的宗教立场（这种立场不是他自由选择的结果，是父母强加的）。如果托修的父母遇到生理上的严重不适，也坚持不看医生，而且意志坚定的话，那么托修父母针对托修的决策在其道德传统内是无懈可击的。如果托修的父母遇到生理上的严重不适，最后无法忍受疼痛，而转变自己的宗教立场，那么托修父母针对托修的决策就是应受谴责的。对于父母能否代表孩子的最佳利益，验证的一个重要标准是，无论是针对孩子还是针对自己，他们的决策是否都是一样的。

第三，非文化传统的差异引起的医患分歧应该如何解决？

笔者还是借用案例来阐述自己的批判分析。

1973年7月的一个下午，25岁未婚的唐纳德（戴克斯）·康瓦特（以后简称唐）被严重烧伤。查理·巴克斯特，作为唐的主治医生，估计唐烧伤严重，其65%以上的身体都被烧伤。他的脸、上臂、躯干和大腿是严重的三度烧伤，两个耳朵实际上已经被烧掉了。他的眼睛受伤严重，以至于他的左眼不得不被摘除，并且最终失去了右眼的视力。他的手指被烧到第二节关节，

① 参见〔美〕罗纳德·蒙森：《干预与反思：医学伦理学基本问题》（二），林侠译，首都师范大学出版社2010年版，第593、594、595页。

② 〔美〕恩格尔哈特：《生命伦理学基础》，范瑞平译，北京大学出版社2006年版，第301、302页。

使他不可能拿起任何东西。疼痛非常厉害。尽管给他注射了大量的镇静剂，但疼痛一直都难以忍耐。缠绕在腿上和躯干上的绷带让他看上去像一部廉价恐怖片中的木乃伊。为了控制身体上多处感染的面积，他不得不每天在高氯化消毒水桶里浸泡，以杀死寄生在伤口表面的微生物。这种经历是非常痛苦的折磨，唐回忆说："就像在裸露的伤口上抹酒精一样。"尽管唐极力地反抗和拒绝，但在水桶里浸泡的工作还是照常进行。就这样，唐治疗了 10 个月。他失去了 10 个手指，眼睛瞎了，身上伤痕累累，容貌丑陋。他得在帮助下才能做事，甚至不能照顾自己最基本的身体需要。他的疼痛仍然持续不断，并且不能走路。最后，唐终于有了自己的事业和婚姻。在治疗期间，他多次拒绝治疗并想自杀，但没有实现。

唐认为，他不过是当代医学技术水平的一个人质。由于烧伤医学技术的发展足以让他活下来，他被迫接受治疗，因为他太虚弱了，不能反抗，也不能靠自己退出治疗。尽管他活下来，但他依旧指责医生的决定。因为在他看来，一个有能力的成年人的个人自由永远不应该受到限制，除非它与其他个人的自由形成了冲突。个人应该有能力决定什么样的最低质量的生活是可以被人接受的，这不是应该由医生或其他人代表另一个人做出的抉择。另一方面，他坚信，控制自己身体的权利是一种与生俱来的权利，不是你得向他人、向国家、向你的治疗医生、向你的亲属请求得来的。没有你的同意，没有人有权利切除你的手臂或腿；没有你的同意，没有人有权利摘掉你的内脏等。根本没有一个合理的法律，没有一个合法的权威，没有一个合法的力量，可以从一个智力健全的人那里拿走这种权利交给州，交给联邦政府，交给其他任何人。①

这个案例涉及的是同一共同体的医学伦理决策分歧。医生不顾患者的强烈抗议强行实行治疗，而患者认为自己所经历的治疗生不如死。如何处理同一共同体内不同人群的利益关系，是道德朋友之间应该重点审视的内容。恩格尔哈特的允许原则并没有考虑此类情况。在此案例中，我们应进一步探究，在何种程度上应该放弃治疗。恩格尔哈特强调允许原则主要是为了解决道德异乡人的分歧。对于道德共同体内部的分歧，可以诉诸理性的论证或执行权威的人来解决。事实上，道德共同体的道德传统也不是铁板一块。可能东正

---

① 参见〔美〕罗纳德 · 蒙森：《干预与反思：医学伦理学基本问题》（二），林侠译，首都师范大学出版社 2010 年版，第 579、580、581、582、583、630 页。

教的信徒依靠东正教的教义能够完善地解决分歧，但是对具有儒、释、道传统并融合马克思主义和西方文化的中国而言，中国内部的道德分歧不是很容易就能解决的。每一种道德共同体的道德内容总是不断改进的。对于那些新鲜的、奇异的主张当时不能接受，那么坚持这些主张的人的利益就可以被践踏吗？拒绝接受某种治疗是一个人的权利。究竟对于哪些疾病或在哪种情况下，医生可以放弃治疗，还需要不同共同体进行进一步的界定。总之，道德共同体内部的分歧也是一个非常重要的问题，知情同意的应用就是一个例证。

通过和平的商谈促进彼此的相互理解、相互融合，努力寻求道德异乡人之间的共识，或许是接受恩格尔哈特的允许原则之后应该努力的方向。每个具体的道德共同体在历史的进程中都在发生着改变。现在不接受的观念，未来可能会接受。笔者相信，随着人们之间交流和合作的日益深入广泛，交往双方在原则层面和具体内容层面的共识会越来越多。但是，就某个具体的问题，在来自不同道德共同体的人们之间尚未形成共识的特定历史时期，恩格尔哈特的允许原则仍是我们必须遵守的首要原则。

第五章　允许原则与中国的医疗卫生实践

邱仁宗教授认为，“生命科学技术将成为21世纪最重要、发展最迅速、对社会影响最深刻广泛的领域。”[①] 在20世纪80年代，我国开始关注生命伦理学和医学伦理学问题。与西方相比，我国的生命伦理学研究起步较晚。目前，国内对生命伦理学和医学伦理学的研究尚处于起步阶段。很多医学院校开设医学伦理学课程，但是仅限于简单地介绍西方的生命伦理学和医学伦理学思想。如何批判地借鉴国外的生命伦理学和医学伦理学的思想，使之真正地与中国的国情密切结合呢？如何更好地解决我国目前存在的生命伦理和医学伦理困惑呢？这些是我国生命伦理学和医学伦理学从业人员试图解决的问题。

第一节　生命伦理学的“西学东渐”

20世纪，交通和通信得到改善，特别是互联网的发明和应用，使得各国之间的联系更加便捷，人类居住的地球正日益变成一个村落。在一个现代化开始占压倒优势和高度相互依赖的世界里，完全拒绝现代化和西方化几乎是不可能的。针对西方的文明，非西方的国家曾经采用了三种不同的回应：拒绝主义、基尔马主义（凯末尔主义）和改良主义。“拒绝意味着把一个社会孤立于一个正在缩小的现代世界之外的一种无望做法。基尔马主义意味着一个困难的和痛苦的做法：摧毁已经存在了许多世纪之久的文化，用从另一个文明中引入的全新的文化来取代它。第三种选择是试图把现代化同社会本土文化的主要价值观、实践和体制结合起来。可以理解，在非西方的精英中，这

---

① 邱仁宗：《开辟中国和亚洲生命伦理学的新纪元》，《中国医学伦理学》2004年第1期，第1页。

种选择一直是最流行的。”①

针对发源于西方的生命伦理学，我们面临着同样的问题：允许原则是否适用于非西方的国家？生命伦理学起源于美国特定的医学、文化、政治、经济背景下。非西方国家与美国的现实差别巨大，非西方国家与美国期望解决的问题可能截然不同。那么，我们应该如何对待西方的生命伦理学呢？

一、拒绝生命伦理学

有学者认为，生命伦理学的思想根本不适合非西方的国家。“包括南美洲和穆斯林国家在内的世界其他部分的医生、决策者和病人发表了生命伦理学家由第一世界的西方意识形态和方法论统治的意见，他们认为这些意识形态和方法论并不适合于在他们环境中提出的问题。有些人走得更远，认为整个生命伦理学都是这种做法，因而作出了生命伦理学对他们没有价值的结论。”②显而易见，这种观点表明了对生命伦理学是拒绝主义的态度。

“恩格尔哈特在题为‘美国生命伦理学与中国生命伦理学：问题与前途’的主题发言中，概括了东西方社会之间的道德差异、道德多元化的事实。他解说美国生命伦理学在渊源、问题、理论及前途方面都是其来有自，很难设想中国的生命伦理学会在这些方面同美国的生命伦理学相同。”③ 可见，恩格尔哈特对自己的思想是否适用于中国的国内现状存在疑虑。正如范瑞平所言，恩格尔哈特的允许原则适合于美国，适合于国际间的医患关系；而中国作为一个大一统的集权式国家，不存在道德多元化的现实基础，所以允许原则不适用。

允许原则对于中国大陆真的不适用吗？为了论证这个问题，我们需要考证中国的道德现状和中国独特的思维方式。

首先，中国的道德现状考察。

道德多元化是恩格尔哈特思想的理论基础之一。中国是否存在道德多元化呢？如果存在的话，允许原则对于中国就具有借鉴意义。关于中国的道德多元化，存在两种观点：

---

① 〔美〕塞缪尔·亨廷顿：《文明的冲突与世界秩序的重建》，新华出版社 2010 年版，第 53 页。

② Daniel Wikler：《国际生命伦理学和伦理学相对主义》，《医学与哲学》1996 年第 12 期，第 666 页。

③ 范瑞平、王明旭：《构建中国生命伦理学 促进卫生改革与发展》，《中国医学伦理学》2009 年第 6 期，第 13 页。

观点一：中国是一个大一统的国家。

范瑞平认为，“尽管中国的历史和现实都存在宗教及民俗方面的丰富性和多样性，但中国社会的道德多元化远远小于西方社会的道德多元化，它们之间是不可比的。从历史上看，中国传统中的释、道二教以及诸子百家都基本上接受了儒家的一套以家庭为基础、以美德为取向、以礼仪为方法的社会道德观”①。

观点二：对中国大一统的质疑。

聂精葆认为，有一种被普遍接受的观点，认为中国医学和医学道德像整个中国文化一样，基本上是大一统格局。既然如此，以道德多元性为理论起点的俗世的生命伦理学便与国情相去甚远，其意义也就很有限了。Engelhardt本人由于接受上述流传广远的中国文化和医学大体一元的看法，在为《生命伦理学基础》中译本所写的序言中流露了这一担忧，即中国读者可能会对西方社会特别是后现代状况下的道德多元感到陌生。可是，虽然古代的正统经学和钦定史学以及20世纪的中西学术界几乎完全忽视甚至抹杀了中国文化、道德、医学的多元特征和内在差异性，但并不意味着中国文明、医学、医德的历史和现实本身就是一元的、大一统的。多元和差异被压抑或钳制了，并不等于多元和差异不存在。必须追问：大一统或一元究竟是表象，还是真实？大一统或一元背后的差异和多元究竟是微不足道的，还是不可忽略的？对于传统和当代中国医学、医学道德的多元特质，显然需要许多深入的专题讨论。②

与聂精葆的立场相近，我国著名的医学哲学家邱仁宗在一篇题为《医学伦理学与中国文化》的英文论文中写道：“当中国正从一个大一统国家向多元转变的时代，医学伦理学成了最兴旺的学科之一。……不同、不相容乃至不可通约的种种价值之间的冲突和紧张目前存在并将继续存在于所有领域。这种倾向会使公共生活和医疗保健中的一切不确定和可变易。”③ 换句话说，“对于文化和道德的多元性，中国至少并不如我们自己一直认为以及

---

① 范瑞平、王明旭：《构建中国生命伦理学 促进卫生改革与发展》，《中国医学伦理学》2009年第6期，第13、14页。

② 参见聂精葆：《反思和探求医学道德的根基——恩格尔哈特〈生命伦理学的基础〉对中国的意义》，《中国医学伦理学》1996年第5期，第51、52页。

③ 转引自聂精葆：《反思和探求医学道德——恩格尔哈特〈生命伦理学的基础〉对中国的意义》，《中国医学伦理学》1996年第5期，第52页。

Engelhargt 所想象的那样陌生。西方社会在文化和道德上的多元现实离我们并不遥远，甚至也就是我们的现实”①。

也有学者指出，“儒家文化不等于当代中国文化，儒家伦理也不等于当代中国伦理。当代中国文化是儒、道、释相结合、并融汇了马克思主义和西方文化”②。

不可否认，中国幅员辽阔、民族众多，长达 2000 多年的封建集权统治对于中国社会的政治稳定和发展具有深远的影响，儒家思想作为统治者的主导思想发挥了巨大的作用。如果没有一个强有力的中央集权，恐怕早就国将不国。可是，现在人们的价值取向越来越多元化，医患之间的关系越来越复杂，需要我们重新审视。中国当前的价值多元化不同于恩格尔哈特的源自不同文化传统的道德多元化。中国的价值多元化更倾向于中国传统文化式微之后的道德虚无状态。虽然我国依旧提倡一种标准的、充满内容的道德文化（如舍己为人、集体的利益高于个人的利益、学雷锋等），但是人们之间的利益关系却越来越紧张。

此外，中国有 56 个少数民族。为了民族团结，汉族也非常尊重各个少数民族的风俗习惯。主流价值的指导性和具体生活风俗的多样性有机地结合在一起。可以说，所谓的大一统局面对于政治上的统一是必要的，因为这涉及大家的公共利益。可是对于涉及每个人的私人利益，特别是可能影响少数人的生理、心理和经济利益，国家是否有必要实行一种道德观或价值观，就很值得商榷。

其次，对中西方思维方式差异的考察。

我们从恩格尔哈特对允许原则的论证可以看出，恩格尔哈特尊重个人基于文化传统的自主决策。他对个人免受干预的道德预设和强调，实际上是在重申西方的消极自由。这种消极自由与个人的权利是密切相关的。而我国的思维方式，恰如日本学者坂本百大所言：“人们已经开始注意到，在生命伦理学方面，亚洲思维方式有其特色，某些方面与西方完全不同。首先要注意，东亚和东南亚的很多国家缺乏人权概念形成的理论背景，人权意识非常薄弱

---

①　聂精葆：《反思和探求医学道德的根基——恩格尔哈特〈生命伦理学的基础〉对中国的意义》，《中国医学伦理学》1996 年第 5 期，第 52 页。

②　程新宇：《儒家伦理对当代生命伦理学发展的价值及其局限》，《伦理学研究》2009 年第 3 期，第 28 页。

和陌生。这些国家对战胜饥饿和贫穷更加关心，方法不是提高人权，而是促进国民健康和发展互助。……总的说来，亚洲的思维方式是整体主义的，欧洲的思维方式是个体主义的。所以，亚洲人更为注重的是他们赖以生存的社会整体的幸福和福利，而不是一己私利。”①

综上可见，美国和中国的道德状况与思维方式存在很大不同。但是，这不足以成为拒绝允许原则的依据。人们总是在不断的对外交流中审视自身文化的不足或缺憾。不论中西方的文化差距有多大，完全拒绝外来的文化是不可取的。闭关锁国的外交政策只会使自己的国家越来越远离这个联系日益紧密的世界。

二、生命伦理学的本土化

究竟应该如何对待西方的生命伦理学？

很多学者对这一问题进行了反思。如有学者认为，“在相当长的时期内，我国的生命伦理学都只是对美国生命伦理学的一种单纯的因循模仿。可以这么说，我国当代生命伦理学的研究方法、视阈及体制建设基本上都是以美国为模本而在中国的‘翻版’。当然，这种早期的因循也不是没有积极意义的，客观地说，它使我国生命伦理学处于一个较高的起点，给我们提供了诸多借鉴和启示，从而推动了我国生命伦理学的发展。但是一旦这种因循滑入单纯的模仿，以致忽视我们自己的文化特性和现实国情，表现为不加判别地以美国式的生命伦理学理论指导我国的生命伦理实践，其负面效果是需要我们认真考虑的”②。

范瑞平、郭照江等学者也认为，“近些年来，中国的生命伦理学研究的方法基本上是‘照搬’——照搬西方的理论、原则和论证来直接用于我们的实践，缺乏我们自己的建树”③。照搬的结果就是造成我们的食洋不化，不能很好地解决我们自己的医学伦理学和生命伦理学问题。

可见，进行本土化的转化是大势所趋，正如赵汀阳所言：“既然特定的历史背景注定了自己的问题总不同于西方的问题，自己的问题就终究要自己去

① 〔日〕坂本百大：《迈向新的“全球生命伦理学”》，龙革译，《世界哲学》2002 年第 5 期，第 52 页。

② 张舜清：《儒家生命伦理学何以可能》，《道德与文明》2008 年第 4 期，第 53 页。

③ 范瑞平、王明旭：《构建中国生命伦理学 促进卫生改革与发展》，《中国医学伦理学》2009 年第 6 期，第 14 页。

解决，而且还不得不发展出自己的当代文化去解决，这就是要根据自己的历史背景和生活经验自己创造自己的思想文化，否则问题不可能得到符合自己需要的真正解决。简单地说就是，自己的问题自己想，自己的事情自己做。我们可以注意到第三世界国家正在努力重新开发和理解自己的问题、传统资源和历史表达，尽管这种价值论的觉醒——第二类觉醒——还只是相对晚近的事情，但已经开始逐步改变边缘文化与西方文化之间的关系。西方的文化和经验只是一种重要的参考文献，而不能是一部用来解释全部文化生活和所有问题的最后字典。"① 当代中国生命伦理学要想肩负起当代中国赋予的历史使命，"有赖于两个方面的努力：一是对西方生命伦理学的历史渊源、理论传统、文化精神进行认真合理的梳理，揭示其本质特征和发展脉络，在这个基础上实现对西方生命伦理学的中国化释读和理解……二是对中国传统文化资源的重新认识、发展和创新，将民族文化的精髓合理地应用到现代生命伦理学学科建设和科学实践当中去，发展出能够有效指导中国生命伦理实践和解决难题的理论资源，并从而促进世界生命伦理学的发展"②。恩格尔哈特也赞同这种观点，即中国的生命伦理学家应当根据自己的道德传统，提出自己的理论，解决自己的问题，开创自己的前途。

究竟如何进行本土化的转化呢？

我国已有学者做了一些有益的探索。范瑞平、郭照江等学者认为，建设中国生命伦理学就是要把"照搬"改为"重构"：重构中国的理论、原则和论证来用于中国的实践。这一工作当然需要学习和借鉴西方的学说、经验和发展，但绝不能采取"拿来主义"、生搬硬套的态度。相反，构建中国生命伦理学意味着一个全方位的研究方法论的转向，即从照搬转向重构。有些人可能觉得这项工作十分困难，难以下手。我们的提议是，仿照形式，转换内容。"仿照形式"的意思是，现代西方在理论建树上已经卓有成效，所以我们可以仿照它们的理论形式，诸如义务论、效益论、美德论等，来构建我们自己的理论。"转换内容"的意思是，我们要把这些理论的西方内容转换成中国的内容。③

---

① 赵汀阳：《我们和你们》，《哲学研究》2000 年第 2 期，第 28 页。

② 程国斌、崔新萍：《当代中国生命伦理学研究的缺陷及其历史使命》，《新疆社会科学》2008 年第 2 期，第 13 页。

③ 参见范瑞平、王明旭：《构建中国生命伦理学 促进卫生改革与发展》，《中国医学伦理学》2009 年第 6 期，第 14 页。

台湾学者李瑞全是儒家生命伦理学的早期开拓者之一，在应用儒家伦理来审视和解决当代生命伦理问题方面也做出了有益的尝试。他将西方生命伦理学的“四原则说”进行了重新的诠释。他建构了一种儒家生命伦理学。“其理论框架如下：以‘不忍人之心’作为道德根源和动力；在此基础上阐发出以‘仁’为核心的自律（自主）、不伤害、仁爱（有利）、公义（公正）四个基本原则；由以具体化为咨询同意（知情同意）、保护主义、保密、隐私权、诚实、忠诚等规则；当原则或规则在具体情境中发生冲突时，以儒家的‘经权原则’来寻求反思的平衡，做出道德判断。”①

香港学者范瑞平从儒家的视角重构了西方生命伦理学的“四原则说”，“和谐原则、仁爱原则、公义原则和诚信原则。他指出这些原则具有悠久的儒家文化传统的深刻内涵，同当代西方自由主义原则决不只是字面上不同，而是内容上大相径庭，需要中国生命伦理学家深入思考”②。

虽然李瑞全和范瑞平都从儒家的视角重构四原则，但是也表现出见仁见智的差异。可见，对于我们中国传统的继承发展，需要我们当代人进一步学习、探讨和增进共识。总之，我们可以借鉴和学习西方的生命伦理学，只有与本土的文化道德传统相结合才会有生命力。

第二节　知情同意和中国的医患关系

著名医学史家西格里斯曾指出，每一个医学行为始终涉及两类当事人，即医生和病人；或者更广泛地说，医学团体和社会。医学无非是这两群人之间多方面的关系。可以说，自医学诞生以来，医生和患者的关系就是人类关注的重要问题之一。医患关系的状况如何，医患关系是否和谐，事关千家万户的幸福安康。

中国的医患现状如何呢？中国的医患关系自中华人民共和国成立至20世纪80年代中期（“文革”时期，全社会处于混乱无序的状态，因此这个时期排除在外），一直是相对融洽的。医患关系的急剧恶化应该始于20世纪80年

① 程新宇：《儒家伦理对当代生命伦理学发展的价值及其局限》，《伦理学研究》2009年第3期，第27页。

② 范瑞平、王明旭：《构建中国生命伦理学 促进卫生改革与发展》，《中国医学伦理学》2009年第6期，第13、14页。

代末期。有研究者对医患冲突的案例进行了总结：通过网络搜索引擎，对公开报道过的10年（2000年—2009年7月）中的恶性医患冲突进行检索、挑选，汇编了共约100例。这些只是冰山一角，宏观数据可参见《医疗环境数字 & 统计》。这里仅举一条卫生部统计数据：恶性医患冲突逐年上升。2006年，我国内地共发生9831起严重扰乱医疗秩序事件，打伤医务人员5519人，医院财产损失超过两亿元。①

中国医师协会2011年公布的《第四次医师执业状况调研报告》中，“医师对医患关系、医疗纠纷的认知”方面，82.64%的受调研医师认为目前医患关系仍然紧张主要是由体制造成的。医务人员如何看待医院场所的暴力事件呢？他们采用多选题的形式进行调查了解。结果显示，有55.66%的医师在选项中选择了社会对医师的偏见，53.75%的医师在选项中选择了媒体的负面报道，23.49%的医师在选项中选择了医方服务态度及沟通不到位，20.98%的医师在选项中选择了患者经济压力过大，20.65%的医师在选项中选择了患方对疗效不满意，还有15.79%的医师在选项中选择了患方一时的冲动。② 可见，造成医患冲突的原因是多方面的。其中，医患冲突的部分原因与服务态度、沟通、知情同意有关。笔者将对这些因素进行详细论证。

目前，我国在知情同意方面已有诸多的法律法规。如：

1993年10月31日颁布的《消费者权益保护法》第8条规定：消费者享有知悉其购买、使用的商品或者接受的服务的真实情况的权利。

1994年8月29日卫生部颁布的《医疗机构管理条例实施细则》，明确对患者知情权以及医生的告知义务进行了规定。其中，第62条规定：医疗机构应当尊重患者对自己的病情、诊断、治疗的知情权利。在实施手术、特殊检查、特殊治疗时，应当向患者作必要的解释。因实施保护性医疗措施不宜向患者说明情况的，应当将有关情况通知患者家属。

1998年6月26日，全国人民代表大会常务委员会颁布了《执业医师法》。其中，第26条规定：医师应当如实向患者或者其家属介绍病情，但应注意避免对患者产生不利后果。医师进行实验性临床医疗，应当经医院批准并征得

① 参见中国医师协会网站之“中国大陆恶性医患冲突简编”，网址为 http://www.cmda.gov.cn/zilvweiquan/weiquananli/2012-02-23/10344.html。

② 参见中国医师协会网站之“中国医师协会执业状况调研”，网址为 http://www.cmda.gov.cn/wangshangzhuanti/xiehuixinwenzhuanti/zyzkdy/。

患者本人或者其家属同意。

2002年2月20日国务院颁布的《医疗事故处理条例》第11条规定：在医疗活动中，医疗机构及其医务人员应当将患者的病情、医疗措施、医疗风险等如实告知患者，及时解答其咨询，但是应当避免对患者产生不利后果。

2009年12月26日，全国人民代表大会常务委员会颁布了《中华人民共和国侵权责任法》，涉及知情同意的有两条。其中，第55条规定：医务人员在诊疗活动中应当向患者说明病情和医疗措施。需要实施手术、特殊检查、特殊治疗的，医务人员应当及时向患者说明医疗风险、替代医疗方案等情况，并取得书面同意；不宜向患者说明的，应当向患者的近亲属说明，并取得其书面同意。医务人员未尽到前款义务，造成患者损害的，医疗机构应当承担赔偿责任。第56条规定：因抢救生命垂危的患者等紧急情况，不能取得患者或者其近亲属意见的，经医疗机构负责人或者授权的负责人批准，可以立即实施相应的医疗措施。

此外，为了认真贯彻《执业医师法》和《医疗事故处理条例》中关于知情同意的内容，2004年7月于大连举行的医患关系—医疗诉讼—医患维权学术研讨会上，与会学者一致同意以这次讨论会形成的共识为基础，制定《履行知情同意原则的指导意见》的伦理学性质的文件，并印发给参与制定单位的医师们参考。2008年6月14日—15日在天津举行的临床实践中的知情同意问题讨论会，全面评估了近几年在执行知情同意原则过程中积累的经验和遇到的问题，对《履行知情同意原则的指导意见》进行了修改，同时补充印制了《肿瘤患者告知与同意的指导原则》《如何应对知情不同意》《履行知情同意涉及若干法律问题的若干意见》《关于制定医院治疗知情同意文书的建议》四个文件。①

现在的问题是，我们已经拥有诸多的法律和规定，承诺知情同意是患者的权利，却还存在大量因服务态度不好和沟通不到位产生的医患冲突。可见，有些医务人员依旧没有认识到知情同意的重要性。以事实为证，2005年发生了轰动全国的哈尔滨医科大学附属第二医院的天价医药案。患者翁某在ICU住院67天，耗资550万。患者家属质疑医疗花费，是因为他们很想知道真相，想知道究竟有多少费用是真正地用在了翁某的身上。经过中纪委等部门

① 参见《履行知情同意的指导意见》，《医学与哲学》2008年第10期，第2页。

的联合调查，发现医院存在多收费、乱收费、重复检查等问题。2006 年，中央电视台《新闻调查》播出一期名为《地贫患儿死亡悬疑》的节目。由于患儿的家长相信了广州某医院网站上的宣传，即手术成功率 93%，所以送孩子到该医院接受骨髓移植，结果在前后一年的时间内接受手术的孩子出现较大比例的死亡。经过记者的调查，该医院宣传处处长表明，实际的手术成功率是 51.7%。这样的实例不胜枚举。可见，在临床实践中，有些医生依旧依靠医生的权威不屑于或不愿意与患者进行充分的沟通、告知，甚至有些医生利用了患者的信任而夸大了治疗的成功率。虽然患者及其家属同意了医生的治疗，但并不是允许原则所讲的真正的同意。正是这一部分医生的不良行为破坏了医生的良好形象。邱仁宗曾将这种现象称为烂苹果理论。也就说，无论我们的医疗体制是否完备，总有一些医生会做出伤害患者利益的事情。

冰冻三尺，非一日之寒。医患信任的重建，需要我们临床工作者认识到知情同意的重要性。

第三节　允许原则对中国的可能影响

通过研究恩格尔哈特的允许原则，大体而言，恩格尔哈特的允许原则可能对中国的医疗实践产生两个方面的影响：

首先，中国对外交流日益频繁，医疗领域的合作不可避免地会面对道德异乡人的困境，这种境况完全可以参照允许原则来解决可能面对的道德分歧。其次，我国自 1985 年进行卫生体制改革以来，由于优质医疗资源紧张、医疗费用上涨以及市场机制引入医疗机构等原因，医患冲突时有发生，医患关系呈现紧张的趋势，迫切需要构建和谐的医患关系。在这种大背景下，医疗高新技术的研究和临床应用稍有不慎，就会即刻触动医患之间敏感的神经，所以我们在开展器官移植、辅助生殖、人体试验等方面，应借鉴尊重、充分告知、沟通、理解等手段，增进医患之间的平等交往，重建医患之间的信任。正如郭玉宇所言："由于文化背景的差异以及在此基础上形成的人伦关系的差异，中国不具备允许原则所基于的文化土壤，所以允许原则在中国的应用是有限的。但是由于彰显自主性道德、诉求精神自由，恩氏的允许原则至少能在以下两个层面上得到解释与应用。一方面，中国生命伦理学应当正视后现代道德多元化，以宽容的态度对待不同的生活方式以及个体多元化的价值追求。……另一方面，虽然我们在很多生命伦理问题比如对安乐死的选择、生育问题、家庭中儿童的地位等等还不能直接应用允许原则，但是允许原则提醒我们反思个体的完整性。……对于中国生命伦理学的发展而言，恩氏学说对中国最大的启示并不在于俗世生命伦理学与允许原则本身，而是在于理论背后的深刻意义。”①

既然我们承认恩格尔哈特的允许原则对中国的医学伦理实践有影响，那么恩格尔哈特的生命伦理学思想对我国医学伦理学界有何启示呢？笔者认为恩格尔哈特思想的启示主要表现在以下三个方面：

首先，我们应该以开放、包容的心态对待其他国家的文化传统。对西方的生命伦理学既不盲目崇拜也不完全漠视。通过交流对话加强彼此的认识，反观自身文化的不足。

其次，我们应正视我国的价值多元化趋势。虽然我国是一个长期受儒、释、道传统支配的国家，但由于马克思主义和西方文化的涌入，加之五四以来对封建糟粕的批判，中国本土的道德传统已经式微。当代绝大多数中国人的思想现状恰如尼采宣布“上帝死了”之后的西方人，处于道德虚无状态。要想解决中国的生命伦理学问题，需要我们重建中国的道德传统，重建中华民族的共同历史记忆。在此基础上，应对价值多元局面，建设有中国特色的生命伦理学理论体系。

再次，我们应该学会用和平的手段解决问题。无论是医生还是患者，要想和平共处，首先应做到的就是尊重生命。如果说我们还算是属于一个不太严格的道德共同体的话，我们就需要回归中国的“金规则”，即“己所不欲，勿施于人”。无论是医学科研还是常规治疗，患者永远都不应该成为医生赚钱或获取名利的工具。

---

① 郭玉宇：《对当代学者恩格尔哈特俗世生命伦理学的中国化解读》，《医学与哲学》2012 年第 1 期，第 13 页。

主要参考文献

一、著作

1.〔加〕许志伟：《生命伦理——对当代生命科技的道德评估》，朱晓红编，中国社会科学出版社2006年版。

2.〔美〕恩格尔哈特：《生命伦理学基础》，范瑞平译，北京大学出版社2006年版。

3. Brendan P. Minogue, Gabriel Palmer-Fernandez and James E. Reagan. *Reading Engelhardt*. Kluwer Acadimic Publishers, 1997。

4. Tom L. Beauchamp and James F. Childress. *Principles of Biomedical Ethics*. Oxford University Press, 2001。

5. Albert R. Jonsen. *The Birth of Bioethics*. Oxford University Press, 1998。

6.〔美〕罗纳德·蒙森：《干预与反思：医学伦理学基本问题》（二），林侠译，首都师范大学出版社2010年版。

7. 张大庆：《医学史十五讲》，北京大学出版社2007年版。

8. H. Tristram Engelhardt. *The Foundations of Bioethics*: *Rethinking the Meaning of Morality*, The Story of Bioethics. Georgetown University Press, 2003。

9. 肖巍：《女性主义伦理学》，四川人民出版社2000年版。

10.〔美〕保罗·库尔茨：《保卫世俗人道主义》，余灵灵、杜丽燕、尹立、吴素玲译，东方出版社1996年版。

11.〔美〕恩格尔哈特：《生命伦理学和世俗人文主义》，李学钧、喻琳译，陕西人民出版社1998年版。

12.〔美〕道格拉斯·贝尔纳、斯蒂文·贝斯特：《后现代理论——批判性质疑》，张志斌译，中央编译出版社1999年版。

13.〔美〕A. 麦金太尔：《追寻美德：道德理论研究》，宋继杰译，译林出版社 2003 年版。

14. 〔英〕约翰·穆勒:《功利主义》，徐大建译，上海人民出版社 2008 年版。

15. 陈嘉明:《现代性与后现代性十五讲》，北京大学出版社 2006 年版。

16. 〔美〕塞缪尔·亨廷顿:《文明的冲突与世界秩序的重建》，周琪等译，新华出版社 2010 年版。

17. 〔英〕尼古拉斯·布宁、余纪元:《西方哲学英汉对照辞典》，人民出版社 2001 年版。

18. 〔德〕伊曼努尔·康德:《道德形而上学原理》，苗力田译，上海人民出版社 2005 年版。

19. 〔德〕孔汉思、库舍尔:《全球伦理——世界宗教议会宣言》，四川人民出版社 1997 年版。

20. 万俊人:《寻求普世伦理》，北京大学出版社 2009 年版。

21. 〔美〕斯蒂芬·马塞多:《自由主义美德》，马万利译，译林出版社 2010 年版。

22. 黄瑞祺主编:《沟通、批判和实践：哈伯马斯八十论集》，允晨文化实业股份有限公司 2010 年版。

23. 高扬先:《走向普遍伦理——普遍伦理的可能性研究》，江西人民出版社 2000 年版。

24. 〔英〕洛克:《政府论》，叶启芳、翟菊农译，商务印书馆 1964 年版。

25. 万俊人:《现代西方伦理学史》(下卷)，北京大学出版社 1992 年版。

26. 唐凯麟:《伦理学纲要》，湖南人民出版社 1985 版。

27. 周辅成:《西方伦理学名著选辑》(上卷)，商务印书馆 1964 年版。

28. 王一方:《医学人文十五讲》，北京大学出版社 2006 年版。

29. 〔英〕约翰·密尔:《论自由》，许宝骙译，商务印书馆 1959 年版。

30. 〔美〕菲利普·塞尔兹尼克:《社群主义的说服力》，马洪、李清伟译，上海人民出版社 2009 年版。

31. 〔美〕彼得·辛格:《实践伦理学》，刘莘译，东方出版社 2005 年版。

32. 范瑞平:《当代儒家生命伦理学》，北京大学出版社 2011 年版。

33. 李瑞全:《儒家生命伦理学》，鹅湖出版社 1999 年版。

34. 〔美〕约翰·罗尔斯:《正义论》，何怀宏、何包钢、廖申白译，中国社会科学出版社 1988 年版。

35. 〔德〕伊曼努尔 · 康德：《道德形而上学基础》，孙少伟译，九州出版社 2007 年版。

36. 〔美〕汤姆 · 比彻姆、詹姆士 · 邱卓思：《生命医学伦理原则》，李伦等译，北京大学出版社 2014 年版。

二、论文

1. 陈竺：《生命伦理学在中国》，《中国医学伦理学》2005 年第 6 期。

2. 邓艳平：《当代美国生命伦理学中原则之争述评》，湖南师范大学硕士论文，2003 年。

3. 李一平：《关于道德的多元化——就〈生命伦理学基础〉与恩格尔哈特的对话》，《医学与哲学》1997 年第 8 期。

4. 沈铭贤：《著名生命伦理学家恩格尔哈特访沪》，《医学与哲学》1999 年第 8 期。

5. 〔美〕恩格尔哈特：《道德冲突世界中的生命伦理学：基本争论及干细胞辩论的要点》，赵明杰译，《医学与哲学》2002 年第 10 期。

6. 〔美〕恩格尔哈特：《中国卫生保健政策：对北美和西欧失误的反思》，张殿增、刘聪译，《中国医学伦理学》2006 年第 1 期。

7. 〔美〕恩格尔哈特：《全球生命伦理学：共识的瓦解》（上），郭玉宇等译，《医学与哲学》2008 年第 2 期。

8. 〔美〕恩格尔哈特：《全球生命伦理学：共识的瓦解》（下），郭玉宇等译，《医学与哲学》2008 年第 3 期。

9. 〔美〕恩格尔哈特：《平等之后：一些关于医疗保健筹资的批判性反思》，郑林娟译，《医学与哲学》2012 年第 3 期。

10. 郭玉宇、孙慕义：《恩格尔哈特俗世生命伦理学思想之简评》，《道德与文明》2010 年第 6 期。

11. 邱仁宗：《21 世纪生命伦理学展望》，《哲学研究》2000 年第 1 期。

12. 邱仁宗：《生命伦理学：一门新学科》，《求是》2004 年第 3 期。

13. 杜治政：《关于生命伦理学——伦理学道德观念面临的挑战》，《医学与哲学》1986 年第 7 期。

14. 张舜清：《儒家生命伦理学何以可能》，《道德与文明》2008 年第

4期。

15. 邱仁宗:《生命伦理学的产生及其思想基础》,《医学与哲学》1989年第1期。

16. 〔美〕Daniel Wikler:《第三次国际生命伦理学学术会议主题报告:生命伦理学和社会责任》,冯超、王延光译,《医学与哲学》1997年第10期。

17. 郭玉宇:《关于中国本土化生命伦理学发展路径之思考》,《医学与社会》2010年第12期。

18. 孙慕义:《生命伦理学的知识场域与现象学问题》,《伦理学研究》2007年第1期。

19. 铁省林:《哈贝马斯宗教哲学思想研究》,山东大学博士论文,2008年。

20. 艾川:《它山之石,可以为错——〈生命伦理学基础〉一书的启发》,《医学与哲学》1996年第8期。

21. 〔美〕凯·丹尼尔·克卢瑟、伯纳德·格特:《对原则主义的批判》,《中外医学哲学》1999年第2期。

22. 郭玉宇:《对当代学者恩格尔哈特俗世生命伦理学的中国化解读》,《医学与哲学》2011年第12期。

23. 秦红岭:《全球化· 普遍伦理· 现代道德教育》,《社会科学》2001年第11期。

24. 徐闻:《哈贝马斯的商谈民主论研究》,山东大学博士论文,2011年。

25. 范瑞平:《如何建立生命伦理学普适规范——联合国教科文组织国际生命伦理学委员会第十一次会议述评》,《医学与哲学》2004年第10期。

26. 肖健:《比彻姆和查瑞斯的生命伦理原则主义进路评析》,《道德与文明》2009年第1期。

27. 张大庆:《中西医学伦理学史比较研究》,北京医科大学博士论文,1996年。

28. 何伦:《中国生命伦理学与道德哲学的现代转向》,《中国医学伦理学》2007年第2期。

29. 亢丽娟:《麦金太尔走出现代道德哲学危机的尝试》,《社会科学战线》2009年第9期。

30. 〔美〕丹尼尔·维克勒:《国际生命伦理学和伦理的相对性》,石大璞、喻琳译,《中国医学伦理学》1996年第2期。

31. 徐友渔:《评诺齐克以权力为核心的正义观》,《中国人民大学学报》2010 年第 1 期。

32. 沈铭贤:《我是一个绝对主义者和普遍主义者——恩格尔哈特谈允许原则》,《医学与哲学》2000 年第 1 期。

33. 张言亮、卢风:《道德相对主义的界标》,《道德与文明》2009 年第 1 期。

34. 邱仁宗:《开辟中国和亚洲生命伦理学的新纪元》,《中国医学伦理学》2004 年第 1 期。

35. 范瑞平、王明旭:《构建中国生命伦理学 促进卫生改革与发展》,《中国医学伦理学》2009 年第 6 期。

36. 聂精葆:《反思和探求医学道德的根基——恩格尔哈特〈生命伦理学的基础〉对中国的意义》,《中国医学伦理学》1996 年第 5 期。

37. 程新宇:《儒家伦理对当代生命伦理学发展的价值及其局限》,《伦理学研究》2009 年第 3 期。

38. 〔日〕坂本百大:《迈向新的“全球生命伦理学”》,龙革译,《世界哲学》2002 年第 5 期。

39. 程国斌、崔新萍:《当代中国生命伦理学研究的缺陷及其历史使命》,《新疆社会科学》2008 年第 2 期。

40. 《履行知情同意的指导意见》,《医学与哲学》2008 年第 10 期。

41. 张汝伦:《哈贝马斯交往行动理论批判》,《江苏行政学院学报》2008 年第 6 期。

42. 刘峰:《道德共识何以可能——哈贝马斯的商谈伦理及其现实道路》,《武汉科技大学学报》2011 年第 6 期。

三、网络资源

“百度百科”,网址:http://baike.baidu.com。

“维基百科”,网址:http://zh.wikipedia.org/wiki/。

“中国医师协会”,网址:http://www.cmda.gov.cn/zilvweiquan/weiquananli/2012-02-23/10344.html。

后 记

之所以选择研究生命伦理学，源于我的职业需要和个人兴趣。自从事医学伦理学教学以来，如何在当代中国做一个好医生，好医生应该具有什么素质，好医生应该如何行使家长主义的权威，患者对医生的基本期望是什么，如何避免医患之间的暴力冲突等诸如此类的问题一直是我非常关注的内容。

在 2005 年 6 月的“面向二十一世纪的医疗市场、道德与传统文化资源”国际生命伦理学学术研讨会（山东大学医学院承办）上，我有幸与恩格尔哈特教授见面。他精彩的报告及其《生命伦理学基础》（1996 年）中译本在国内的广泛影响，引起了我的浓厚兴趣。但是，恩格尔哈特的学识广博、思维缜密、融贯古今让我十分茫然。在我着手写作论文的时候，无论是在写作提纲、论文结构、具体的文字表述方面，还是在脚注的规范方面等，我的博士生导师傅永军教授都提出了很多修改意见。

这篇论文的初稿于 2012 年 6 月基本完成，但是其中的第三章第一节“医学知识的客观性考察”一直难以推进，这一部分是提出允许原则的重要理论基础。直到 2016 年 1 月有幸到莱斯大学做访问学者，亲自聆听恩格尔哈特教授的“医学与哲学”课程，并得到恩格尔哈特教授的研究生兼助手 Victor Saenz 和 Graham Valenta 的课程支持和帮助，才最终将缺失的论文部分完善。拖了这么久才完成本书，主要是我个人写作拖拉的惰性使然。

值此书稿完成之际，我要感谢恩格尔哈特教授，我的博士生导师傅永军教授，香港的范瑞平教授，我的同事曹永福教授、王云岭副教授和杨同卫副教授等人。

即将面对读者的检验，心中不免忐忑。毫无疑问，由于学术能力和研究精力有限，本文中一定存在着不少缺点甚至错误，敬请读者批评指正。

郑林娟

2016 年 8 月 6 日